집에서 운영하는

작은
빵집

김진호

20대에 제과기능장을 합격하고 카페 노티드에서 셰프로 활동하였으며, 망원동 티라미수에서 R&D 베이커리 팀장을 역임했다. 현재는 하츠 베이커리에서 총괄 셰프를 맡고 있으며, 유튜브 '호야 HOYA' 채널을 운영하고 있다. 베이커리 카페 창업 컨설팅과 제과제빵 관련 학과에서의 강의와 세미나로 지금까지 쌓아온 본인의 경험과 노하우를 전하기 위해 활발하게 활동하고 있다. 저서로는 『아메리칸 쿠키』가 있다.

▶ YouTube   호야 HOYA
Instagram   @kimjin_hoya

집에서 운영하는
작은 빵집 : SOFT BREAD

초판 1쇄 발행　2023년 6월 30일
초판 5쇄 발행　2023년 12월 30일

지은이 김진호 ｜ **펴낸이** 박윤선 ｜ **발행처** (주)더테이블

기획·편집 박윤선 ｜ **디자인** 김보라 ｜ **사진** 차현석, 조원석 ｜ **스타일링** 이화영
영업 김남권, 조용훈, 문성빈 ｜ **영업지원** 김효선, 이정민

주소 경기도 부천시 조마루로385번길 122 삼보테크노타워 2002호
홈페이지 www.icoxpublish.com ｜ **쇼핑몰** www.baek2.kr (백두도서쇼핑몰) ｜ **인스타그램** @thetable_book
이메일 thetable_book@naver.com ｜ **전화** 032) 674-5685 ｜ **팩스** 032) 676-5685
등록 2022년 8월 4일 제 386-2022-000050 호 ｜ **ISBN** 979-11-92855-00-4 (13590)

더 테이블
THE : TABLE

HOYA's BAKING CLASS ①

집에서 운영하는

작은
빵집

———

SOFT
BREAD

김진호 지음

더 테이블
THE TABLE

Prologue

열네 살에 빵을 처음 배웠다. 요리사를 꿈꾸며 요리 학원을 다니기 시작했는데, 옆반 제과제빵 교실에서 풍겨오는 갓 구운 고소한 빵 냄새가 너무 좋았고 직접 만든 빵을 예쁘게 포장해 집으로 챙겨 돌아가는 사람들의 모습이 너무 부러웠다. 그래서 그 길로 제과제빵을 배우기 시작했고, 이것이 나의 첫 베이킹의 시작이었다.

고등학교를 졸업하자마자 취업한 곳은 대전 성심당이었다. 지금과 마찬가지로 지역의 명소였던 성심당의 하루는 매우 바쁘게 돌아갔다. 쉴 새 없이 수많은 종류의 빵을 만들고 배우면서 많이 힘들었지만 그만큼 많은 경험을 할 수 있었고 좋은 스승님을 만나 많은 것들을 배울 수 있었다. 오랜 시간 일본에서 공부한 스승님께 일본과 유럽을 기반으로 한 빵들을 전수받으면서 이것을 한국인의 입맛에 가장 맛있게 느껴질 수 있도록 만들기 위해 끊임 없이 연구하고 고민했다.

2023년 현재 눈과 입이 모두 즐거운 한국 스타일의 빵, K-Bread가 전 세계적으로 주목을 받고 있다. 욕심일지 모르겠지만 그간 힘들게 연구하며 쌓아온 내 경험과 지식을 모두 담은, 진화된 '가장 한국적인 빵'의 레시피를 전달하고 싶었고, 이 책에 담긴 메뉴들로 작은 빵집 운영이 충분히 가능하도록 집필하고 싶었다. 그래서 메뉴의 구성에 있어 특별히 더 신경을 썼다.

이 책에서는 그냥 먹어도 맛있는 식사빵부터 다양한 크림을 채우는 브리오슈 도넛, 가정에서도 쉽게 만들 수 있는 프레첼, 두 가지 식감의 소금빵과 베리에이션 메뉴들, 갖가지 소를 채워 튀겨 만드는 고로케까지. 현재 베이커리 시장에서 가장 인기 있는 메뉴는 물론, 한국인의 입맛에 맞춘 가장 한국적인 스타일의 빵들을 모두 담았다. 또한 한 가지 반죽을 사용해 다양한 메뉴를 만드는 방법, 크림이나 충전물을 응용해 여러 가지 메뉴로 활용하는 방법을 담아 작업의 생산성과 효율성도 고려했다.

베이커리 카페 창업을 꿈꾸는 분들이 점점 많아지고 집에서도 수준급의 빵을 만드는 분들도 많아지면서 전문가와 비전문가의 경계가 점점 무너지고 있는 지금, 집에서도 어렵거나 복잡하지 않게 맛있는 빵을 만들고자 하는 홈베이커부터 작은 빵집 운영을 꿈꾸는 예비 창업자 분들 모두에게 작게나마 도움이 되기를 바란다.

2023년 6월 저자 **김진호**

Contents

BEFORE BAKING

 BREAD LOAF 식빵

050

01.

FRESH MILK BREAD
우유 식빵

058

02.

MASCARPONE BREAD
마스카르포네 생식빵

066

03. 마스카르포네 생식빵 응용 버전

MILK & BUTTER BREAD
우유 버터 모닝빵

04.

RYE & POTATO BREAD

호밀 감자 식빵

05.

OLIVE FOCACCIA BREAD

올리브 포카치아 식빵

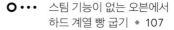
○ ··· 스팀 기능이 없는 오븐에서
하드 계열 빵 굽기 ◆ 107

PART
2 **SALTED BUN** 소금빵

06.

SOFT SALTED BUN

부들 소금빵

07.　　　　　부들 소금빵 응용 버전 ①

SOFT SALTED BUN WITH EGG MAYO

에그마요 소금빵

08.　　　　　부들 소금빵 응용 버전 ②

SOFT SALTED BUN WITH CRAB MAYO

게살마요 소금빵

09.

CRACKED SALTED BUN

크랙 소금빵

10.　　　　　크랙 소금빵 응용 버전 ①

CRACKED SALTED BUN WITH POLLOCK ROE

명란 소금빵

11.　　　　　크랙 소금빵 응용 버전 ②

CRACKED SALTED BUN WITH SWEET RED BEANS & BUTTER

팥버터 소금빵

PART 3

120

126

132

12.

SWEET RED BEAN BUN
단팥빵

13.

SOBORO BUN
소보로빵

14.

CUSTARD CREAM BUN
커스터드 크림빵

138

144

15.

CHIVE BUN
부추빵

16.

MELON BUN
멜론빵

PART 4

 CROQUETTE 고로케

152

158

164

17.

VEGETABLE CROQUETTE
야채 고로케

18.

BEEF CURRY CROQUETTE
소고기 카레 고로케

19.

ITALIAN CROQUETTE
이탈리안 고로케

20.

SALAD CROQUETTE
샐러드 고로케

DONUT 도넛

○ ••• 브리오슈 도넛 반죽 ◆ 178

21.

GLAZED DONUT
글레이즈 도넛

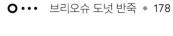

23.

VANILLA CREAM DONUT
바닐라 크림 도넛

22.

MILK CREAM DONUT
우유 크림 도넛

24.

STRAWBERRY
CREAM DONUT
딸기 크림 도넛

25.

MATCHA CREAM DONUT
말차 크림 도넛

208

26.

BRIOCHE BRESSANE
브리오슈 브레산

214

27.

CORN CHEESE BRIOCHE
콘치즈 브리오슈

220

28.

BRIOCHE HAMBURGER BUN & CHEESE BURGER
브리오슈 햄버거 번과 치즈 버거

228

29.

CINNAMON TWIST
시나몬 트위스트

236

30.

CHALLAH
할라 브레드

242

31.

GONGJU CHESTNUT BREAD
공주 밤식빵

250

32.

CHOCOLATE BABKA
초콜릿 바브카

256

33.

PISTACHIO BABKA
피스타치오 바브카

PRETZEL 프레첼

268

34.

ORIGINAL PRETZEL
오리지널 프레첼

272

35.

CINNAMON SUGAR PRETZEL
시나몬 프레첼

274

36.

SAUSAGE PRETZEL
소시지 프레첼

278

37.

SALTED MILK CREAM PRETZEL
소금 우유 크림 프레첼

284

38.

LEEK & CREAM CHEESE PRETZEL
대파 크림치즈 프레첼

290

39.

KAYA JAM & BUTTER PRETZEL
카야잼 버터 프레첼

BEFORE BAKING

빵이 만들어지는 원리와 과정

빵이 만들어지는 과정은 보통 10~12단계로 나눌 수 있다. 가장 기본적인 계량부터 시작해 간단한 폴딩 작업, 발효보다 좀 더 짧게 진행하는 플로어 타임처럼 쉽게 이해하고 배울 수 있는 공정부터 믹싱, 1차 발효, 성형, 2차 발효, 굽기 등 오래된 숙련자도 쉽지 않은 과정들도 있다. 중요한 것은 모든 단계에서 하는 작업 하나하나가 완성된 빵에 큰 영향을 미치므로 단 하나의 공정만 잘못되더라도 제대로 된 빵을 만들기 어렵다는 점이다. 아래의 표와 각 과정에 대한 이해를 통해 빵이 만들어지는 원리를 공부해보자.

→	재료 계량	재료의 이해
→	믹싱	글루텐 형성과 발전
→	반죽 표면 정리	글루텐 정리 및 반죽의 표면 형성
→	1차 발효 or 플로어 타임	효소의 활성, 글루텐의 구조 형성
→	분할	제품에 따른 정확한 크기
→	둥글리기	글루텐 정리 및 반죽의 표면 형성
→	벤치타임	긴장된 글루텐의 이완
→	성형	제품의 특성에 맞춘 모양
→	2차 발효	효소의 활성 및 글루텐의 구조 안정화
→	굽기	정확한 온도와 일정한 시간

① 재료 계량

모든 베이킹의 시작인 공정이다. 재료의 양을 체크할 때는 부피보다 무게가 더욱 정확하며 1g 단위의 정확한 저울을 사용하는 것이 좋다. 계량을 시작하기 전, 먼저 함께 계량해도 되는 재료와 반드시 따로 계량해야 되는 재료를 정확하게 구분하여 계량한다. 이 책에는 기본적으로 레시피에 적혀 있는 재료의 순서가 계량의 순서이고, 사용하는 순서이기도 하다. 예를 들어 우유 식빵을 만든다면 밀가루 - 설탕 - 소금 - 이스트 - 꿀 - 우유 - 버터 순서로 계량하면 된다. 이 재료 중 밀가루, 설탕, 소금, 이스트를 함께 계량할 수 있으며, 이때 이스트는 설탕이나 소금과 닿지 않도록 담으면 된다. (설탕과 소금은 삼투압 작용으로 인해 이스트와 직접 만나면 이스트의 활성이 감소하기 때문이다.) 그리고 나머지 볼에 꿀과 우유와 같은 액체 재료를 계량하고, 나중에 투입하는 버터는 따로 계량하면 된다. 여기서 꿀은 밀가루 한 쪽에 홈을 만들어 계량해주면 그릇에 묻어나는 손실을 줄일 수 있으나 바로 반죽을 하지 않는 경우라면 액체에 계량하는 편이 더 좋다.

이렇게 계량에서는 건조한 재료와, 습한 재료를 따로 계량해주는 것이 중요하다. 업장이든 가정이든 베이킹은 설거지가 많이 나오는 작업으로 재료의 특성을 알고 정확하게 계량하는 방법은 설거지를 줄여주므로 업장에서는 작업성을, 가정에서는 베이킹에 대한 부담을 덜어준다.

② 믹싱

믹싱은 물리적인 힘으로 반죽을 치대어 글루텐을 발전시키는 과정이다. 밀가루에는 글루테닌과 글루아딘이라는 단백질이 존재하는데, 물과 만나면서 글루텐이라는 조밀한 그물 구조가 형성되고 물리적인 힘을 가할수록 글루텐은 더욱 발전한다. 믹싱을 할 때 몇 가지 중요한 요소들이 있는데 그 중 하나가 바로 '반죽의 온도'이다. 반죽의 온도에 영향을 미치는 요인들을 알아보자.

첫 번째는 반죽에 사용하는 '물의 온도'이다. 보통 반죽에 따뜻한 물을 사용하는 경우가 많다. 물론 실내 온도가 너무 낮고 재료의 온도가 차갑다면 물을 데워 따뜻하게 사용할 수도 있지만, 보통 반죽의 최종 온도는 24~27℃ 사이가 적당하므로 100% 믹싱 기준 따뜻한 물을 사용하면 최종 반죽의 온도가 너무 높아지는 경우가 많다. 따라서 겨울철 실내 온도가 20℃ 이상이라면 20℃ 이하의 차가운 물을 사용하는 것이 좋다.

반죽의 최종 온도에 따른 물의 사용 온도

원래는 더 복잡한 계산식으로 사용할 물의 온도를 구하지만 상수를 통해 좀더 쉽게 내가 사용해야 할 물의 온도를 계산할 수 있다. (최종 반죽 온도 25~27℃ 기준)

52(상수) - (실내 온도 + 밀가루 온도) = 사용할 물의 온도

예를 들어 실내 온도가 25℃라고 가정한다. 그리고 밀가루 온도는 보통 실내 온도보다 1~3℃ 정도 낮으므로 밀가루 온도는 23℃라고 하자. 그리고 이 두 숫자를 합하면 48이라는 숫자가 나온다.
여기에서 52(상수) - 48 = 4로 4라는 숫자가 형성되는데, 이것이 바로 사용해야 할 물의 온도가 된다. 이렇게 사용할 물의 온도를 쉽고 빠르게 정할 수 있다.

• 위의 방법대로 반죽을 하였는데 최종 반죽 온도가 낮거나 높다면, 내가 가진 믹서나 환경에 맞춰 상수를 조금씩 수정해주어야 한다.
• 위의 방법은 기준이 되는 수치일 뿐이며, 사용하는 믹서나 실내 온도에 따라 조금씩 달라질 수 있다.

두 번째는 반죽에 사용하는 '밀가루의 온도'이다. 반죽의 온도에 가장 영향을 주는 재료는 바로 밀가루이다. 여름철의 경우 시간적 여유가 된다면 밀가루를 계량해 냉장고에 차갑게 보관하였다 반죽을 하고, 시간적 여유가 없다면 액체를 차갑게 사용하거나 얼음을 사용하는 것이 좋다. 결과적으로 반죽의 온도가 높을수록 이스트의 활성과 발효가 빨라져 빵의 풍미가 나빠지게 된다.

⊖ 반죽에 사용하는 얼음

수분을 물(수돗물)로만 사용하는 반죽은 물 양의 20~30%를 얼음으로 대체해 사용한다. 반대로 물 외에 달걀이나 우유 등의 수분이 들어가는 반죽은 물 양의 50~100%까지 얼음으로 대체해 사용하기도 한다. 다만, 얼음은 정수된 물인 경우가 많아 반죽에 적합하지 않으므로 더운 날씨라면 밀가루를 미리 냉동실에 넣어 차갑게 준비해 사용하는 것이 가장 좋은 방법이다.

믹싱의 단계를 설명하면 픽업 단계 → 클린 업 단계 → 발전 단계 → 최종 단계 → 최종 단계 후기(100%) → 렛 다운 단계 → 파괴 단계로 존재하며, 보통의 빵은 최종 단계 후기(100%)까지 믹싱하는 것이 가장 이상적이다. 햄버거 번이나 잉글리시 머핀처럼 퍼짐성이 중요한 빵은 필요에 따라 렛 다운 단계까지 믹싱하는 경우가 많았지만 요즘은 100%까지만 믹싱하는 경우가 많다.

믹싱의 단계에 대해 좀 더 자세히 살펴보자.

⊖ 믹싱의 단계

픽업 단계 1~5%

밀가루와 물이 섞이는 수화 단계이다. 밀가루와 물은 섞였지만 밀가루 속 수분이 충분히 침투되지는 않은 상태이며, 글루텐 또한 막 결합하기 시작한 상태라 반죽이 끈적하고 거칠며 반죽을 늘렸을 때 바로 끊어진다.

클린 업 단계 30%

유지 투입

말 그대로 믹싱볼이 깨끗해지기 시작하는 단계, 즉 반죽이 믹싱볼에서 떨어지기 시작하는 단계이다. 이 단계부터 밀가루와 물이 잘 수화되어 반죽이라고 부를 수 있다. 반죽은 아직 거칠지만 한 덩어리로 뭉쳐져 있고 어느 정도 탄력도 형성된 상태이다. 보통 이 단계에서 유지 재료를 투입하는데, 수화가 잘된 상태인데다 글루텐 조직도 어느 정도 형성되었기 때문에 유지를 투입해도 믹싱에 큰 방해를 받지 않는다.

발전 단계 50~60%

글루텐이 최대의 탄성을 가지는 단계로, 이때 중속 이상으로 믹싱을 하게 되면 반죽이 볼 벽을 부딪치며 탁탁 때려지는 소리가 선명하게 들린다. 반죽의 탄력이 좋으며 거칠지만 당겼을 때 어느 정도 늘어난다. 브리오슈 계열 반죽이나 단과자빵 반죽과 같이 유지와 설탕 함량이 높은 고배합 레시피에서는 이 단계에서 유지 재료를 투입하는 것이 안정적이다.

최종 단계 80~90%

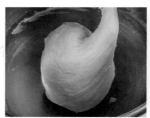  

발전 단계를 지나 최종 단계가 되면서 반죽의 탄성이 점점 떨어지고, 반죽 상태도 전체적으로 매끄럽고 윤기가 돌며, 신장성이 좋아지는 단계이다. 반죽을 손으로 늘렸을 때 얇은 글루텐 막을 형성하지만, 아직까지는 탄성이 좋아 지문이 비칠 정도가 되면 막이 찢어져 구멍이 생기는 상태이다. 보통 이 단계를 반죽의 최종이라고 생각하고 믹싱을 멈추는 경우가 많은데, 크게 티가 나지 않는 빵도 많지만 식빵의 경우 신장성이 부족하고 과한 오븐 스프링이 형성되며 내부에 구멍이 생기는 경우가 많다. 브리오슈 계열 반죽의 경우에도 이 정도 단계에서 믹싱을 멈추게 되면 발효력이 떨어지고 오븐 스프링도 약하다.

• 탄성: 힘을 가했을 때 부피와 모양이 바뀌었다가 그 힘을 제거하면 본래의 모양으로 되돌아가려고 하는 성질
• 신장성: 길게 늘어나는 성질

최종 단계 후기 100%

반죽 전체에 윤기가 흐르고 매끄러우며 당겼을 때 매끄러움을 유지하며 적당한 탄력으로 늘어나는 단계이다. 지문이 선명하게 보일 정도까지 반죽을 늘려도 쉽게 찢어지지 않는다. 대부분의 빵에서 가장 이상적인 믹싱 마무리 단계이며, 이 단계로 마무리한 반죽은 발효력과 신장성이 좋고 균일한 내상과 볼륨을 기대할 수 있다.

렛 다운 단계 110%

탄성이 완전히 사라지고 신장성은 높아지는 단계이다. 반죽이 반짝거리는 정도로 조금 과한 광택이 나며 반죽을 당겼을 때 탄력이 없이 부드럽게 늘어난다. 탄성이 약한 만큼 퍼짐성이 좋은데, 보통 잉글리시 머핀이나 햄버거 번처럼 어느 정도의 퍼짐성이 중요한 빵을 만들 때 이 단계까지 믹싱한다. 렛 다운 단계까지 되기 위해서는 생각보다 오랜 시간 믹싱을 해야 하는데, 고속으로 믹싱을 오래하면 반죽에 너무 많은 공기가 포집되어 산화되기 쉬우므로 저속으로 믹싱하는 것이 좋다.

파괴 단계

글루텐 구조가 파괴되기 시작하는 단계로 '지친 단계'라고도 부른다. 반죽에 윤기가 사라지고 다시 거칠어지며 열이 많이 오른 뜨거운 상태로 손으로 만지면 끈적이고 힘이 없다. 반죽을 손으로 늘리면 힘없이 쉽게 끊어진다. 믹싱을 과하게 오래 해 파괴 단계가 되는 경우도 있지만, 보통은 사용하는 물의 온도가 높아 반죽이 뜨거워져 파괴 단계가 되는 경우가 더 많다. 글루텐은 한 번 파괴되면 다시 복구되는 것이 불가능하므로 이 상태의 반죽은 묵은 반죽으로도 사용하지 않고 폐기하는 것이 좋다. 파괴 단계의 반죽은 산화되어 풍미가 좋지 않으며, 구웠을 때 볼륨이 낮고 내상도 거칠다.

---

③ 표면 정리

믹싱 과정이 끝나 반죽이 완성되면 반죽을 접거나 표면을 당겨 안쪽으로 말아 넣어주며 매끄럽고 탄력 있는 상태로 만들어주는데, 이것은 반죽의 구조를 정리해주는 과정이다. 반죽의 표면을 매끄럽게 정리하면 탄산가스가 빠져나가지 못하게 가두어주므로 1차 발효에 있어 더 풍성하고 안정적인 발효를 만들어준다. 또한 초반에 만들어진 반죽의 매끄러운 표면은 완성 제품까지 계속 이어지는 과정 중 하나로, 짧지만 아주 중요한 과정이다. 표면 정리를 하지 않는 반죽은 형성되는 가스를 균일하게 포집하지 못하고 거친 표면 사이로 빠져나와 발효가 불안정하고 반죽이 처질 수 있다.

발효 전 · 발효 후

믹서가 멈추는 순간부터 반죽의 발효는 활발하게 시작된다. '발효'란 이스트가 활발하게 활동하기 시작하면서 반죽에 탄산가스를 가득 형성시키며 부풀어 오르게 하는 과정이다. 반죽이 충분하게 부풀지 못하면 그만큼 밀도가 높고 무거운 빵, 밋밋한 풍미를 가진 빵이 만들어지게 된다. 반죽의 발효는 1~55℃ 사이의 어떤 온도에서나 일어날 수 있지만, 배합에 따라 가장 이상적인 온도는 어느 정도 정해져 있다. 당 함유량이 적은 저배합 반죽은 24℃ 내외가 적당하며, 당 함유량이 높은 고배합 반죽은 27℃ 내외가 적당하다.

발효는 크게 1차 발효와 2차 발효로 나뉘는데, 1차 발효는 반죽을 부드럽고 유연하게 만들어 성형하기 좋게 만들어준다. 또한 빵에 있어 중요한 향을 만들어주는 역할도 크다. 발효를 빠르게 하기 위해 이스트를 과하게 많이 사용하거나(밀가루 대비 5% 이상) 발효 온도를 지나치게 높게 하면 빵의 품질이 심하게 떨어진다. 빵의 풍미를 좋게 만드는 것은 알코올 발효에서 형성되는 유기산이다. 유기산은 빵의 풍미에 중요한 영향을 주며, 반죽의 유연성을 증가시키는 역할을 하며, 완성품의 보존성을 높여 노화를 늦춰준다.

이렇게 중요한 유기산은 어떻게 만들어지는 걸까? 유기산은 바로 만들어지는 것이 아니다. 발효의 시간과 관련이 큰데, 1차 발효를 천천히 오래하는 것이 가장 많은 유기산을 만들어 낼 수 있는 방법이다. 어떤 빵은 1차 발효를 1시간 하고, 어떤 빵은 1차 발효를 냉장고에서 천천히 하는 경우가 있다. 1차 발효를 낮은 온도에서 천천히 하는 방법은 '저온 발효'라고 하는데, 발효 시간이 긴 만큼 충분한 유기산을 만들기에 가장 좋은 방법이라고 할 수 있다.

또 다른 방법은 바로 묵은 반죽을 사용하는 방법이다. 보통 빵을 자주 만들다보면 남는 반죽이 생기는데, 바로 이 남는 반죽을 보관했다가 다음에 반죽하는 새 반죽에 함께 넣어 사용하는 방법이다. 묵은 반죽은 1차 발효와 2차 발효 사이 정도의 발효 시점을 가지고 있는 반죽을 냉장 보관하며 사용하며, 충분한 시간이 지난 반죽인 만큼 많은 유기산을 포함하고 있다. 다만 너무 오래 보관한 묵은 반죽을 사용하면 신맛이 과하게 형성될 수 있으므로 시큼한 냄새가 심한 경우 사용하지 않는 것이 좋다. 묵은 반죽은 밀가루 대비 10~20% 사이로 사용하는 것을 추천한다.

발효기 없이 발효하는 방법

대량 생산을 하는 업장이든, 소량으로 만드는 가정이든 보통 1차 발효는 발효실 혹은 실온에서 시켜준다. 하지만 이것도 날씨가 따뜻한 경우이거나, 발효기가 있어야 하는데 날씨가 추운 겨울에 발효기 없이 발효를 해야 한다면 어떻게 해야 할까? 강의를 하거나 유튜브에서 가장 많이 받는 질문 중 하나다.

결론적으로 말하면 날씨가 추워도, 발효기가 없어도 집에서도 충분히 맛있는 빵을 만들 수 있다. 가장 먼저 기본적인 오븐, 온열 매트, 스티로폼 박스를 사용하는 방법이 있다.

커다란 오븐을 사용한다면 반죽을 볼에 담아 랩을 씌워 젓가락으로 구멍을 뚫어준다. 그리고 팔팔 끓는 물 500ml 정도를 그릇에 담아 같이 넣어주면 오븐 내 온도가 올라가고 습도가 유지되며 안정적인 발효가 가능하다. 혹은 오븐 자체를 30℃ 정도로 예열했다가 반죽을 넣고 오븐의 전원을 끄면 오븐 안에 남아 있던 미열이 발효를 도와준다.

스티로폼 박스도 위의 오븐과 동일한 방법으로 사용하면 된다. 온열 매트의 경우 25~30℃ 정도의 온도를 설정하고 반죽을 밀폐 용기에 담아 매트 위에서 발효시켜주면 충분한 발효 효과를 볼 수 있다.

1차 발효의 완료 시점

 1차 발효의 완료 시점은 어떻게 알 수 있을까? 보통 수많은 반죽을 다루는 업장에서는 정확한 온도와 시간으로, 혹은 숙련된 기술자의 눈대중으로 보는 경우가 대부분이다. 물론 숙련된 기술자는 눈으로만 봐도 정확한 발효 상태를 파악할 수 있지만, 초보자의 경우 눈으로만 보고 발효의 완료 시점을 판단하는 것은 쉽지 않은 일일 것이다.

발효는 대부분 반죽이 몇 배 부풀었는지, 혹은 지정한 온도에서 몇 분간 발효했는지로 설명하는 경우가 많은데, 개인적으로 홈베이커에게 가장 추천하는 방법은 '핑거 테스트'이다. 핑거 테스트는 발효가 다 된 반죽에 밀가루를 묻힌 손가락으로 반죽을 찔렀다가 빼보는 방법이다. 그러면 손가락 자국이 생기는데, 이 자국이 얼마나 수축하는지에 따라 발효가 얼마나 되었는지 파악할 수 있다. 남아 있는 손자국이 살짝 움츠러들고 그대로 유지된다면 이상적인 1차 발효 완료 시점으로 판단해도 좋다.

반죽이 부푼 정도로 체크하는 경우에는 약 2.5~3배의 부피(제품에 따라 3.5배까지 부풀리는 제품도 있다.)까지 발효되었는지 확인한다.

또 하나의 확인 방법은 바로 반죽 아래 형성된 거미줄 형상이다. 발효가 잘 된 반죽을 살짝 찢어 들어보면 바닥에 붙어 있던 반죽이 떨어지면서 거미줄 같이 여러 결의 가닥이 이어진 모양이 보일 것이다. 이때가 바로 1차 발효가 완료된 시점이라고 보면 된다.

⑤ 분할

반죽의 발효가 끝나면 이제 내가 원하는 크기나 제품에 알맞은 크기로 잘라주는 작업을 한다. 1차 발효 전에 매끄럽게 만든 반죽의 표면을 잘 살려서 작업대에 올려주고, 반죽이 더 발효되거나 표면이 마르지 않도록 빠르게 분할하는 것이 중요하다. 분할이 늦어지면 처음 분할한 반죽과 마지막에 분할한 반죽의 발효 차이가 나게 되어 팽창의 정도가 달라진다. 이때 오른손잡이 기준 왼쪽에는 저울을, 오른손에는 스크래퍼를 쥐고 반죽의 매끄러운 부분을 잘 살려가며 가로로 길게 잘라준다. 왼손은 반죽을 잡고, 오른손에 쥔 스크래퍼를 이용해 원하는 크기로 잘라 무게를 체크한다. 이때 반죽을 너무 잘게 자르면 발효되며 형성된 가스가 많이 빠져 둥글리기 작업이 오래 걸리고 그만큼 단단한 조직이 만들어져 빵이 일정하지 못하고 벤치타임이 길어진다. 분할은 3회 안으로 끝내는 것이 가장 좋으며, 밀가루 1kg 반죽 양 기준 10분 이내로 끝내는 것이 가장 좋다. 만약 속도가 나지 않는다면 반죽이 마르지 않도록 바닐을 덮어주고 작업을 한다.

⑥ 둥글리기

둥글리기는 분할하면서 흐트러지거나 끈적해진 반죽의 글루텐을 정비하여 긴장감을 형성하고 표면을 형성해주는 과정이다. 또한 1차 발효에서 형성된 가스를 빼주고, 새로운 산소를 공급해 이스트의 활성을 증가시키고, 성형 작업을 수월하게 만들어주는 사전 작업이기도 하다. 둥글리기는 반죽의 가스를 빼주고 매끄러운 표면을 만들어주는 것이 목적인데, 처음 빵을 접하는 사람들은 바로 이 둥글리기부터 굉장히 어렵게 느껴질 것이다. 둥글리기에서 가장 많이 실수하는 부분은 과한 덧가루 사용과 굴려주는 힘인데, 너무 많은 양의 덧가루는 손과 반죽의 마찰력을 떨어트려 반죽이 헛돌아가게 하고 그만큼 굴려주는 횟수가 늘어나므로 덧가루 사용양이 많을수록 작업 시간이 길어지고, 완성된 빵의 맛이나 품질이 떨어지기 쉽다. 덧가루 사용이 어렵다면 반죽에 가루를 묻히지 말고 손에 묻혀준다. 그리고 반죽의 가장 매끄러운 부분을 살려 끈적한 표면을 안으로 넣어주며 탄력 있게 굴려준다.

힘 조절 또한 매우 중요하다. 너무 강한 힘은 반죽의 표면을 과하게 당기고 형성된 가스가 과하게 빠져 반죽의 표면이 거칠어지고 크기도 지나치게 작아지게 만든다. 반죽의 표면이 거칠게 되면 중간 발효가 일정하게 되지 못하고 완성된 빵의 표면 또한 고르지 못하게 된다.

이렇듯 둥글리기의 기본적인 방법은 표면과 모양을 매끄럽고 동그랗게 만들어주는 가성형 작업인데 성형 방법에 따라 원형, 타원형 등 성형에 용이한 모양으로 완성시키기도 한다. 둥글리기가 끝난 반죽은 서로 붙지 않도록 일정한 간격을 두고 팬닝한 후 반죽이 마르지 않도록 비닐이나 젖은 면포를 덮어준다.

⑦ 벤치 타임 (중간 발효)

중간 발효 전   중간 발효 후

벤치 타임은 반죽의 쉬는 시간이라고 생각하면 된다. 둥글리기가 끝난 반죽은 글루텐이 완전히 긴장된 상태이므로 바로 성형하게 되면 반죽의 표면이 찢어지기 쉽다. 따라서 긴장된 글루텐을 이완시켜주고 반죽의 신장성이 형성될 시간을 주는데, 이때 반죽이 마르지 않도록 비닐이나 젖은 면포를 덮어주는 것이 중요하다. 벤치 타임은 보통 여름은 10분 정도, 겨울은 20분 정도를 기준으로 하며 보통 실온에서 그대로 둔다. 반죽의 부피가 2배 정도 부풀고 긴장된 반죽이 부드러워지면 둥글리를 한 반죽 순서대로 다음 작업을 이어나가면 된다.

⑧ 성형

성형은 말 그대로 빵의 모양을 만들어주는 과정이다. 빵에 따라 성형의 방법도 달라지는데, 다시 한번 둥글리기를 하여 성형하는 쉬운 빵부터 반죽을 밀대로 밀어 펴 원 로프(한 덩어리)로 말아주는 성형, 그리고 내부에 충전물이 들어가는 빵의 성형 등 여러 종류의 성형 방법이 있다.

성형할 때 주의할 점은 너무 강한 힘을 주어 반죽의 표면이 터지게 하거나, 반죽에 스트레스를 과하게 주지 않는 것이다. 덧가루 사용 또한 주의해야 하는데 너무 많은 양의 덧가루를 사용해 성형하면 완성품의 단면이 얼룩덜룩해지고 그만큼 수분감이 떨어져 푸석한 빵이 만들어지게 된다. 그래서 반죽이 작업대에 붙지 않을 만큼만 덧가루를 사용해 반죽 속 큰 가스를 빼 긴장감 있게 성형하는 것이 중요하다. 성형이 느슨하면 2차 발효에서 반죽이 처져 완성품이 납작해진다.

⑨ 2차 발효

2차 발효 후

빵을 만드는 과정 중 마지막 발효인 2차 발효는 성형이 끝나면서 시작되고 빵의 마지막 풍미를 결정짓기 때문에 매우 중요하다. 반죽을 탄력 있게 성형하여 긴장감이 있는 상태의 반죽을 발효시켜 다시 신장성을 갖고 이스트의 활성을 끌어내는데, 이 상태로 오븐에 들어가면 최대의 볼륨감을 얻을 수 있다.

2차 발효는 기본적으로 단과자류 반죽의 경우 75~80% 정도의 습도를, 튀김류 반죽의 경우 60~70% 정도의 습도를 유지하며 발효시켜준다. 튀김류의 반죽은 습도가 높으면 반죽 표면에 수분이 많이 형성되어 튀길 때 손에 달라붙어 애써 발효한 빵의 모양이 망가지고 과도한 수분과 기름이 만나 빵 표면이 고르게 완성되지 못한다. 발효의 온도는 27~35℃가 적당하다.

당 함량이 낮은 저배합 반죽일수록 낮은 온도로, 당 함량이 높은 고배합 반죽일수록 높은 온도로 발효시켜준다. 또한 고배합 반죽 중에서도 유지 함량이 높은 브리오슈나 페이스트리 종류의 반죽은 30℃ 이하에서 발효시켜주는데, 이는 높은 열에 의해 버터가 녹는 것을 막기 위해서이다.

2차 발효는 온도만큼이나 부푸는 정도 또한 중요한데, 완성품의 70~80% 크기, 반죽 사이즈에서 1.5~2배 정도까지 부풀게 하는 것이 일반적이다. 이는 남은 잔여 이스트가 오븐의 열에 의해 강한 팽창, 즉 오븐 스프링을 최대한 이끌어낼 수 있는 힘을 남겨두는 것이다.

2차 발효가 부족하면 빵의 부피가 작고 표면이 찢어지거나 색이 고르지 않게 형성되며 굉장히 밀도 있는 빵이 만들어진다. 반대로 2차 발효가 과하면 당 성분이 줄어 구움색이 엷고 오븐 스프링이 거의 일어나지 않는다. 부피는 크지만 볼륨감이 없고 빵의 조직이 불규칙하고 시큼한 악취를 내며, 빵의 푸석해지고 노화도 빨라진다.

⑩ 굽기

굽기 과정은 빵을 만드는 과정에서 가장 마지막 단계이므로 자칫 실수한다면 모든 공정을 처음부터 다시 시작해야 하는 불상사가 생길 수 있다. 그만큼 아주 중요한 과정이며 빵의 맛과 풍미가 최종적으로 완성되는 과정이기도 하다.

빵을 굽기 전에 준비해야 할 가장 중요한 사항은 '오븐의 예열'이다. 빵은 이미 알맞게 발효되었는데 지금 오븐의 전원을 켠다면 오븐에 열이 올라올 동안 반죽은 점점 발효되어 오븐의 열이 다 오를 때쯤에는 과발효된 반죽으로 되어 있을 것이다. 그래서 항상 발효를 시작할 때 오븐을 같이 예열해두는 습관을 들이는 것이 중요하다. 보통 열선으로 되어 있는 오븐은 예열이 늦어 30분 전에는 켜두어야 하며, 열풍으로 구워지는 컨벡션 오븐의 경우 상대적으로 예열이 빨라 15분 전에 예열시켜주면 충분하다.

발효가 잘된 반죽을 예열된 오븐 안에 넣고 구울 때 반죽 안에 있는 이스트가 뜨거운 오븐 열을 받아 폭발적으로 팽창한다. 이스트는 반죽의 내부 온도가 60℃가 될 때까지 꾸준하게 팽창을 하고 사멸한다. 이렇게 이스트가 부풀린 밀가루의 전분 구조가 열에 의해 굳어지며 빵의 모양이 유지된다. 여기서부터 빵의 표면이 형성되는데 굽는 온도와 시간에 따라 낮은 온도에서는 표면이 두껍고 연한 색으로 완성되고, 높은 온도에서는 얇고 진한 색으로 완성된다. 굽는 온도에 정답은 없지만 완성품의 품질에 크게 영향을 끼치므로 빵의 특성이나 크기에 따라 굽는 온도를 맞춰주어야 한다. 보통 상대적으로 커다란 식빵은 낮은 온도로 오랜 시간 구워야 내부까지 고르게 익고 수분을 많이 빼주어야 빵이 주저앉아버리는 것을 방지할 수 있다. 단과자류의 작은 빵들은 높은 온도에서 단시간 구워야 수분 손실이 적어 촉촉한 빵으로 완성할 수 있다.

오븐에서 빵이 구워지면 꺼내자마자 쇼크를 준다. 빵은 겉면부터 익기 시작하고, 중앙 부분은 가장 마지막에 익는다. 따라서 구워지면서 수분이 중앙으로 이동하고 빵의 윗면으로 배출되는데 다 구워진 빵은 중앙에 가장 많은 수분을 머금고 있는 상태이다. 이때 10cm 높이에서 바닥으로 쳐서 충격을 주고 그 충격으로 미처 빠져나가지 못한 수분을 배출시켜 빵의 수축을 방지한다.

⑪ 식히기

빵은 오븐에서 나오자마자 노화가 시작된다. 빵의 크기에 따라 다르지만 식빵 같이 큰 빵은 2~3시간 정도 식혀주고, 상대적으로 작은 단과자 빵들은 1시간 정도 식힌다. 빵을 만드는 것처럼 식히는 것도 중요한데, 뜨거운 빵을 찬 곳에서 식힐수록 빠르게 식지만 그만큼 수분의 이동이 빨라져 노화가 빠르고 빵의 겉면이 푸석해진다. 따라서 빵을 식힐 때는 바람이 잘 통하는 선선한 실온에서 식혀주는 것이 좋고 바로 섭취하지 않는 경우 식은 후 바로 포장하는 것이 좋다. 포장하기 가장 좋은 온도는 약 30℃이다.

이 책에서 사용하는 밀가루

빵을 만드는 데 있어 필수적인 요소는 바로 밀가루, 물, 소금, 효모이다. 이 중에서도 가장 중요한 첫 번째 재료가 바로 밀가루이다. 어떤 밀가루를 사용하는지에 따라 빵의 모양과 볼륨, 그리고 식감과 풍미가 달라지기 때문이다.

밀가루는 밀의 배유 부분을 가루로 만든 것으로, 아주 먼 옛날에는 소량으로 직접 제분하여 사용하였으나 현재는 대부분 제분 회사에서 가공된 밀가루를 사용한다. (외국의 경우 전통 방식을 고수하며 직접 제분하는 곳들도 있다.)

국내 밀가루는 글루텐의 함량에 따라 강력분, 중력분, 박력분으로 나뉘며 보통 강력분은 제빵 용도로, 중력분은 수제비나 국수 용도로, 박력분은 제과 용도로 사용된다. 하지만 반드시 이 기준을 따라야만 하는 것은 아니다. 예를 들어 글루텐 함량이 높은 강력분으로 빵을 만들었을 때 볼륨이 좋고 쫀득한 식감으로 완성되는데, 누군가에게는 부드러움이 약하고 질기다고 느껴질 수 있다. 이런 이유로 만드는 이에 따라 강력분에 중력분 또는 박력분을 블렌딩해 강력분을 단독으로 사용했을 때보다 밀도가 높고 부드러운 식감으로 완성되게 만들기도 한다.

최근에는 프랑스나 일본 브랜드의 밀가루도 소분되어 판매하는 곳이 많아지면서 홈베이커도 어렵지 않게 밀가루를 블렌딩해 사용할 수 있다. 이 책에서 사용한 밀가루에 대해 알아보자.

① 강력분

강력분은 빵을 만들 때 가장 많이 사용되는 밀가루로, 단백질 함량이 높은 경질밀로 만들어진다. 국내에서 제분되는 강력분의 회분 함량은 약 0.4%, 단백질 함량은 약 12~14%이다. 박력분과 비교했을 때 입자가 거친 편이고, 손으로 뭉쳤을 때 쉽게 부스러지는 것이 특징이다. (어떤 밀가루인지 모를 때 이 방법으로 강력분과 박력분을 구분할 수 있다.) 강력분으로 만든 반죽은 단백질 함량이 높아 글루텐이 쉽게 형성되며 신장성도 뛰어나 볼륨감이 좋은 빵을 만들 때 적합하다.

② 박력분

박력분은 보통 빵보다는 과자, 케이크, 쿠키 등의 제과 용도로 사용된다. 단백질 함량은 약 7~8%로 강력분에 비해 입자가 고운 편이고 손으로 잘 뭉쳐지며, 오랜 시간 보관하는 경우 덩어리가 생기기 쉽다. 또한 단백질 함량이 낮아 글루텐 형성이 더디기 때문에 강력분으로 만든 반죽에 비해 쉽게 끊어지고 신장성 또한 떨어진다. 제빵에서는 보통 빵 위에 올라가는 소보로, 번이나 멜론빵 등의 토핑에 사용한다.

③ 프랑스 밀가루

프랑스 밀가루는 회분 함량으로 구분된다. 이 회분 함량은 프랑스 밀가루 기준 600℃ 이상의 용광로에서 밀가루 10kg을 태웠을 때 남은 재의 양을 의미하는데 T65 밀가루는 60~65g, T55 밀가루는 50~55g, T45 밀가루는 40~45g 정도이다. 회분 함량이 높다는 것은 그만큼 밀을 완전하게 도정하지 않았다는 의미로도 볼 수 있는데, 회분 함량이 높은 밀가루일수록 빵으로 만들었을 때 나는 구수한 향과 특유의 거친 식감이 도드라진다. 일반적으로 많이 사용되는 통밀가루의 경우 T80 ~ T150까지 다양하다. 이 책에서는 T65와 T55를 강력분과 적절히 배합하여 부드러운 식감과 풍미가 좋은 레시피를 담았다.

④ K블레소레이유

일본의 블레소레이유를 벤치마킹하여 만들어진 밀가루다. 일반 강력분보다 5~10% 정도 수분 흡수율이 높고 글루텐의 구조가 더 안정적인 고급 강력분으로 단백질 함량은 12.33%, 회분 함량은 0.4% 정도이다. K블레소레이유로 만든 제품은 입안에서 부드러운 식감이 고스란히 느껴져 식빵이나 브리오슈를 만드는 데 사용하기 좋다. 현재 1kg으로 소분된 제품이 판매되고 있으므로 가정에서도 쉽게 사용할 수 있다.

◆ 이 책에서는 곰표 강력분, 마루비시 K블레소레이유, 베이크 플러스에서 유통하는 에펠 타워 T55 밀가루와 TRADITION T65 밀가루를 사용하였다.

효모의 종류

이스트yeast(효모)는 '알코올 발효가 일어날 때 생기는 거품'이라는 뜻으로 네덜란드어인 기스트 gyst('끓는다'라는 뜻)에서 유래되었다. 이스트는 포도 껍질에 다량으로 분포되어 있으며 일상 속 어디에서나 존재하는 효모이다. (포도가 발효되어 포도주가 되는데, 이 발효를 일으키는 발효균 이 바로 이스트이다.) 지금 우리가 숨 쉬는 공기에도 아주 소량의 이스트가 존재한다. 우리가 밀가 루와 물만으로 발효종(levain, 르방)을 만들 수 있는 이유 중 하나가 바로 공기 중에 떠다니는 효모 를 이용할 수 있기 때문이다.

이처럼 이스트는 살아 있는, 하지만 눈에는 보이지 않는 미생물이므로 자칫 잘못 사용하면 예상 치 못한 결과로 이어지기도 한다. 이 과정을 자세히 들여다보면 다양한 화학적, 생물학적, 물리학 적 반응이 서로 유기적으로 연결되어 완전한 파악은 어렵다. 그래서 이스트가 들어간 반죽을 잘 다루기 위해서는 많은 경험과 연습이 필요한 것이다.

이 책에서는 발효종을 사용하지 않고 오로지 상업용 이스트만을 사용했다. 상업용 이스트라고 하 면 천연 효모가 아니라고 생각하는 분들이 있겠지만 상업용 이스트 또한 맥주를 만드는 과정에서 생성되는 단일 효모균이므로 발효종과 마찬가지로 천연 효모이다. 다만 동일 면적으로 비교했을 때 발효종보다 균의 수가 많아 작업성과 발효력이 뛰어나며, 다른 재료들과 다르게 살아 있는 미 생물이므로 물과 산소를 필요로 하며 따뜻한 온도에서 활동이 가장 활발하다.

기본적으로 이스트는 산소를 먹고 알코올 발효를 통해 탄산가스를 내뿜는데, 바로 이 단계가 빵 이 발효되는 과정이고 이로 인해 완성된 빵에 기공이 형성되어 독특한 풍미와 부드러운 식감이 만들어지는 것이다.

상업용 이스트는 생이스트, 액상 이스트, 드라이 이스트, 인스턴트 드라이 이스트, 냉동 이스트의 종류가 있다. 가장 기본이 되는 스트레이트 제법으로 만드는 반죽부터 냉동 반죽, 당과 유지 함량 이 높은 고배합 반죽, 당과 유지 함량이 낮은 저배합 반죽 등 제품에 따라 그에 적합한 이스트를 사용해야 좋은 품질의 빵을 완성할 수 있다.

① 액상 이스트　　생이스트가 만들어지기 전, 가장 초기의 이스트 형태이다. 수분 함량이 80% 이상으로 크림과 같은 질감과 모양으로 '크림 이스트'라고도 부른다. 반죽과 혼합이 잘 되어 발효 력이 우수하지만 수분 함량이 높아 이스트의 사멸이 빠르므로 유통기한이 짧으며, 작업 성 또한 떨어지는 단점이 있다. 현재는 대량 생산을 하는 공장 외에서는 잘 사용하지 않 으며 시중에서 찾아보기도 어렵다.

② 압착 생이스트

생이스트는 빵용 효모를 직접 배양하고 추출하여 압착해 만든 효모 덩어리로 '케이크 이스트'라고도 부른다. 수분 함량이 높아 유통 기한이 짧고 작업성이 떨어지는 액상 이스트의 단점을 보완하기 위해 수분 함량을 60~70%로 낮춰 만들어졌다. 현재 쉽게 접할 수 있는 상업용 이스트 중에서 수분 함량이 가장 높은 편이며, 유통 기한도 2~3주 정도로 상대적으로 짧은 편이다. 또한 냉장 보관해야 하며 판매되는 양에 비해 유통 기한이 짧아 가정에서보다는 업장에서 많이 사용된다. 생이스트의 장점은 뛰어난 풍미와 발효 내성이 좋아 고배합 반죽과 저배합 반죽에 두루두루 사용할 수 있다는 것이다. 생이스트를 사용하기 전 손으로 비벼 잘게 부셔 사용하며, 가루 재료와 함께 계량해 사용해도 좋지만 물에 풀어 사용할 때 가장 뛰어난 발효력을 나타낸다. 일반적으로 생이스트는 스트레이트 제법이나 저온 숙성 제법의 반죽에 사용하는 것이 가장 좋다. 생이스트를 사용해 냉동 생지를 만들 수는 있지만 이 경우 생이스트의 양을 1.5~2배로 늘려 사용해야 하는데, 그 이유는 생이스트의 수분 함량이 높아 냉동 온도에서 많은 수의 균이 사멸하므로 그만큼 많은 양을 넣어주어야 동일한 발효력을 유지할 수 있기 때문이다. 가장 좋은 방법은 애초에 냉동 온도에 내성이 있는 제니코JENICO사의 생이스트를 사용하는 것이다.

③ 드라이 이스트

유통 기한이 짧은 생이스트의 단점을 보완해 공정 마지막 단계에서 수분 함량을 더 낮춰 유통 기한을 늘린 이스트이다. 생이스트 사용양의 절반의 양으로 대체해 사용할 수 있으며, 수분 함량이 7~8%이므로 개봉하지 않은 상태에서는 2년 정도, 개봉 후에는 밀봉하여 건조하고 서늘한 곳에서 3개월 정도 보관하며 사용할 수 있다. 드라이 이스트는 생이스트와 다르게 이스트 균이 거의 활성하고 있지 않은 휴면 상태이므로, 드라이 이스트 양의 5배 정도 되는 따뜻한 물(약 35℃)에 넣고 10~20분 정도 불려 잠들어 있는 이스트 균을 충분하게 활성시켜준 후 사용해야 한다. 만약 이 과정을 생략하고 가루 상태 그대로 사용할 경우 발효가 제대로 되지 않거나 발효 시간이 지나치게 오래 걸린다. 또한 드라이 이스트는 생이스트와 비교했을 때 이스트 특유의 강하고 독특한 풍미를 낸다. 이는 생이스트를 건조시키고 이것을 다시 활성시켜 사용하는 과정에서 사멸되는 이스트 균의 양이 많아지므로 결과적으로 더 많은 양의 이스트를 사용해야 하는 것과 연관이 있다. 그래서 생이스트와 비교했을 때 풍미의 면에서는 떨어진다고 볼 수 있다. (단, 저온 숙성 반죽, 스펀지 제법이나 폴리시 제법과 같은 사전 반죽에 사용하는 경우 생각보다 팬찮은 풍미를 만들어내기도 한다.)

④ 인스턴트 드라이 이스트

드라이 이스트의 단점을 보완한 이스트이다. 드라이 이스트처럼 따뜻한 물에 일정 시간 활성시켜 사용해야 하는 번거로움 없이 가루 상태 그대로 밀가루에 투입해 사용할 수 있다. 수분 함량은 4~5% 정도이며, 사프saf사 제품의 경우 밀가루 대비 설탕 함량이 5~8%인 고배합 반죽에는 골드 이스트를, 밀가루 대비 설탕 함량이 5~8% 이하인 저배합 반죽에는 레드 이스트를 사용한다. 골드와 레드의 차이는 이스트 균의 종류인데, 당이 없이도 활성이 잘 되는 이스트만을 배양해 만든 것이 레드 이스트이다. 인스턴트 드라이 이스트는 개봉하지 않은 상태에서는 2년 정도, 개봉 후에는 밀봉하여 건조하고 서늘한 곳(냉장 또는 냉동 보관 추천)에서 3개월 정도 보관하며 사용할 수 있다. 드라이 이스트와 비교했을 때 이스트 특유의 독특한 풍미가 적고, 보냉성이 좋아 냉장 숙성 반죽 또는 냉동 반죽에 적합하다. 생이스트 사용양의 30~40% 양으로 대체해 사용할 수 있으며, 밀가루와 함께 계량해 사용해도 좋지만 물에 녹여 사용하면 더 높은 활성을 기대할 수 있다.

⑤ 세미 드라이 이스트

드라이 이스트와 인스턴트 드라이 이스트의 단점을 보완한 냉동 건조 이스트이다. 드라이 이스트와 인스턴트 드라이 이스트의 유통 기한이 개봉 전 약 2년, 개봉 후 약 3개월인 반면 세미 드라이 이스트는 개봉 전과 개봉 후 모두 냉동 보관만 잘 한다면 2년 동안 이스트의 효력을 유지하며 사용할 수 있다. 개봉 후에도 사용할 수 있는 기간이 긴 만큼, 가정이나 소형 업장에서 사용하기 좋다. 수분 함량은 25% 정도로 사용양과 사용법은 인스턴트 드라이 이스트와 같고 효과도 동일하다. 또한 냉동에 강한 내성을 가지고 있으므로 냉동 반죽에 사용하기 가장 적합한 이스트이기도 하다. 인스턴트 드라이 이스트와 마찬가지로 사프saf사 제품의 경우 밀가루 대비 설탕 함량이 5~8%인 고배합 반죽에는 골드 이스트를, 밀가루 대비 설탕 함량이 5~8% 이하인 저배합 반죽에는 레드 이스트를 사용한다.

---

* 이 책에서는 사프saf사의 세미 드라이 이스트를 사용했다.

저배합 반죽용 레드 이스트   고배합 반죽용 골드 이스트

필수 재료와 부재료

물

물은 밀가루와 가장 빠르게 혼합되는 재료이며, 밀가루의 단백질을 결합시켜 글루텐이라는 단백질을 형성하는 중요한 재료이다. 물은 기본적으로 미네랄을 포함하는데 미네랄의 함량에 따라 경수, 연수, 아연수로 분류된다. 미네랄 함량이 높을수록(경수: 지하수, 암반수, 바닷물) 반죽의 신장성은 떨어지고 탄성은 높아져 발효 시간이 지연되며 완성된 빵의 볼륨이 과해 세로로 과하게 부풀거나 표면이 터지기 쉽다. 반대로 미네랄 함량이 낮을수록(연수: 정수기에 걸러진 물) 신장성은 높아지고 탄성은 약해 과발효되기 쉬우며 완성된 빵의 볼륨도 낮다. 보통 집에서 베이킹을 할 때 연수를 사용해 낭패를 본 분들의 이야기를 많이 듣는다. 요즘은 제분 기술이 뛰어나고 밀가루 안에 비타민C를 첨가하거나 영양분을 풍부하게 만드는 경우가 많아 연수를 사용해도 큰 문제는 없을 수 있지만 기본적으로 연수는 제빵에서는 적합하지 않은 물이다.

그렇다면 우리는 제빵에서 어떤 물을 사용해야 할까? 가장 적합한 물은 바로 수돗물이다. 수돗물은 아연수로 불리며 경수와 연수 중간 정도의 특징을 가지고 있다. 아연수는 밀가루에 적당한 탄성과 신장성을 부여하며 안정적인 반죽으로 만드는 데 있어 가장 적합한 물이다.

소금

소금은 전체적인 간을 맞추고 재료 본연의 맛을 살려주는 것 외에도 제빵에 있어 많은 역할을 하는 재료이다. 글루텐을 강화시켜 반죽의 조직을 조밀하고 튼튼하게 만들어주는 역할, 그리고 이스트의 과한 활성을 억제해 안정적인 발효를 하게 하는 역할을 한다. (소금이 들어가지 않은 반죽이 믹싱 시간이 짧아지고 발효 속도는 빨라지는 것이 그 이유이다.)

최근 여러 종류의 소금들이 판매되면서 질 좋고 값비싼 소금을 사용하면 그만큼 뛰어난 빵으로 만들어진다고 생각하는 경우도 있는데, 개인적으로는 반죽에 사용되는 소금은 맛으로 표현되기보다는 앞서 설명한 소금 그 자체의 역할이 중요하기 때문에 가장 기본적인 꽃소금을 사용하는 것을 추천한다. 소금은 밀가루 대비 1.5~2% 정도로 사용하는 것이 적당하나, 천일염을 사용하는 경우 1.8~2.4% 정도로 사용할 수도 있다.

설탕

설탕은 빵에서 단맛을 내는 역할 외에도 수분을 흡수하고 보유하는 보습의 역할, 촉촉하고 부드러운 식감을 오래도록 유지시켜 빵의 노화를 늦춰주는 역할을 하며, 이스트의 먹이로도 사용되는 중요한 재료이다. 이스트의 먹이로 사용되고 남은 당분(설탕)은 오븐 속 열기에 의해 메일라드 반응(maillard reaction, 갈변 반응)을 일으켜 진한 구움색이 나는 빵으로 만들어준다. 그만큼 사용하는 양에 따라 완성품에 있어 큰 차이를 보여주는 재료이다.

밀가루 대비 설탕이 5% 이하로 사용되는 경우 단맛을 내기보다는 이스트의 먹이로 사용되는 것에 더 큰 의미가 있으며 완성된 제품에 있어 곱고 조밀한 크럼을 만들어낸다. 반대로 밀가루 대비 설탕이 15% 이상이 사용되는 경우 반죽에서 삼투압 작용을 일으켜 이스트의 활동을 저지시킨다. 따라서 설탕이 15% 이상 들어가는 반죽의 레시피에서는 이스트의 양을 10~20% 정도 더 늘려주어야 더 안정적인 발효가 가능해진다.

달걀

달걀은 빵에서 설탕, 유지와 함께 가장 많이 사용되는 재료이다. 달걀은 지방, 단백질, 수분으로 이루어져 있으며 흰자는 10% 정도의 알부민이라는 단백질과 탄수화물로, 나머지 90% 정도는 수분으로 볼 수 있다. 노른자는 다량의 영양 성분과 지질을 포함하며 천연 유화제의 역할을 하는 레시틴을 포함하고 있어 유지와 수분이 반죽 안에서 잘 스며들 수 있게 한다. 따라서 달걀이 들어간 반죽은 신장성이 좋고 발효가 잘 되고 오븐 스프링도 좋으며, 완성된 빵의 식감이 부드럽고 노화도 느리다.

달걀은 보통 밀가루 대비 10~20% 정도로 사용되며 달걀 함량이 높은 브리오슈 계열 반죽의 경우 60~70%까지 사용되기도 한다. 달걀에는 수분 외에도 고형분과 지방이 함유되어 있으므로 물 대비 25~35% 정도로 높여야 비슷한 되기로 맞출 수 있다. 또한 설탕과 유지 함량이 높을수록 달걀의 함량도 높여 사용하는 것이 좋다. 식빵처럼 당분이나 유지의 함량이 낮은 반죽에 너무 많은 양의 달걀을 사용하게 되면 되기를 맞춰도 완성된 빵의 식감이 퍽퍽하고 내상 또한 거칠어지기 쉬우므로 사용하는 양은(일반적인 레시피 기준) 밀가루 대비 30%를 넘기지 않는 것이 좋다. 또한 달걀을 사용하는 빵은 구움색이 빠르게 나므로 구울 때 주의해야 한다.

우유

우유는 빵에서 고소한 맛과 풍미, 부드러운 내상을 만들며 우유 속 유당이 오븐 안에서 열을 만나면서 메일라드 반응을 일으켜 구움색을 내는 역할도 한다. 또한 우유의 단백질이 밀가루 단백질을 강화시켜 믹싱에 내성이 생기게 하여 반죽의 산화를 방지하며, 이스트의 발효를 지연시켜 안정적인 발효를 만들어준다.

우유는 수분 함량이 88% 정도이므로 물을 우유로 대체해 사용하는 경우 10~12% 증량해야 한다. 하지만 증량한 만큼 늘어난 유당과 단백질에 의해 빵의 구움색이 더 진하게 나올 수 있으므로 굽는 온도를 줄이거나 굽는 시간을 줄이는 것이 바람직하다.

반죽에 들어가는 물을 달걀과 우유로 대체하는 방법

예) 강력분 1,000g, 소금 18g, 설탕 80g, 생이스트 20,
　　물 680g, 유지 80g

위의 레시피에서 달걀 110g과 우유 400g을 넣고 싶다면 물은 얼마나 사용해야 할까?

① 달걀의 수분 계산
　　110g × 0.75 = 82.5g
　　◆ 달걀의 수분 함량이 75%이므로 0.75를 곱한다.

② 우유의 수분 계산
　　400g × 0.88 = 352g
　　◆ 우유의 수분 함량이 88%이므로 0.88를 곱한다.

③ ①과 ②의 합산
　　82.5g + 352g = 434.5g

결과 ⇒ 달걀과 우유의 수분 434.5g을 제외한 나머지 245.5g의
　　　　수분을 물로 사용하면 된다. (즉, 달걀 110g, 우유 400g,
　　　　물 245.5g 사용)

**탈지분유와
전지분유**

분유는 우유에서 수분을 제거한 후 건조시켜 가루 형태로 만든 것으로 지방을 함유한 전지분유, 지방을 제거한 탈지분유로 나뉜다. 두 가지 모두 베이킹에 사용할 수 있지만 전지분유의 경우 만들어지는 공정상 지방 함량을 일정하게 유지하기 어렵기 때문에 탈지분유를 사용하는 것이 일반적이다. 반죽에서의 효과는 우유를 사용하는 것과 동일하나, 탈지분유를 사용했을 때 글루텐의 구조를 더욱 튼튼하게 만들어주어 볼륨감도 더 좋다. 우유가 들어가는 레시피를 탈지분유로 대체할 수 있는데, 우유 양의 10~12%로 대체한 후 나머지 양은 물로 채워주면 된다. 반대로 탈지분유가 들어가는 레시피를 우유로 대체할 수도 있지만, 탈지분유를 사용하는 것과 비교했을 때 빵의 볼륨감이나 크러스트의 식감이 달라질 수 있다.

유지

제빵에서 사용하는 유지는 버터, 마가린, 쇼트닝, 올리브유, 포도씨유 등이 있다. 유지는 빵의 부드럽고 촉촉한 식감을 만들어주어 노화를 지연시킨다. (여기에서 말하는 '노화' 란 전분의 노화를 말하는데, 밀가루 전분이 가지고 있는 수분이 시간이 지날수록 증발하여 결과적으로 빵이 푸석하고 딱딱해지는 현상을 의미한다.) 또한 유지는 반죽의 신장성을 좋게 하여 볼륨이 좋게 만들어주는데, 이는 믹싱하는 동안 글루텐을 코팅하여 반죽을 더 부드럽게 만들어주기 때문이다.

유지를 반죽 초반부터 넣고 믹싱하는 경우 유지가 밀가루를 코팅하면서 밀가루의 수분 흡수를 방해해 믹싱이 늦어지게 된다. 유지를 넣는 타이밍은 보통 '클린 업 단계'인데 유지의 함량에 따라 달라지기도 한다. 밀가루 대비 유지 함량이 10% 이하인 경우 반죽 초반 단계에서 넣고 믹싱해도 영향이 없지만, 밀가루 대비 유지 함량이 10% 이상인 경우 클린 업 단계에서, 15% 이상인 경우 발전 단계에서 넣어주는 것이 좋으며, 20~25%의 고배합인 경우 클린 업 단계에서 1/3을 넣고 발전 단계에서 1/3을 넣고 최종 단계에서 나머지 1/3을 넣고 믹싱하는 것이 믹싱의 속도나 반죽의 유화에 있어 안정적이다.

이 책에서 사용한 버터는 모두 무염버터이며, 발효버터는 브리델 Bridel, 고메버터는 엘르앤비르 Elle&Vire, 소금빵에 충전하는 버터는 오셀카 OSELKA 버터, 올리브오일은 올리오 데 체코 L'OLIO DECECCO 엑스트라 버진을 사용했다.

크림치즈

크림치즈는 브랜드마다 맛과 질감의 차이가 큰데, 맛은 사용하는 원유에 따라 달라지고 질감은 유지방을 굳혀 유지해주는 검(gum, 점증제) 함유 유무에 따라 달라진다. 끼리 크림치즈의 경우 검이 들어가지 않고 순수 염분으로만 응고하여 만들어지며, 그 외의 크림치즈들은 대부분 소량의 검이 들어간다. 크림치즈는 열에 약해 40℃ 정도에서 내부 분리가 시작되어 크리밍성과 품질이 떨어진다. (검이 들어간 크림치즈의 경우 열에 강하고 보형성 및 크리밍성이 높아 작업하기에 좋다.)

이 책에서는 가성비가 좋고 안정성도 뛰어난 엘로이 크림치즈를 사용했다. 아래는 베이킹에서 대표적으로 많이 사용하는 크림치즈의 경도(부드러움~단단함 순서)로 나열해 본 것이다. (안정성은 그 반대 순이다.)

부드러움 ————————————————————————→ 단단함

| 필라델피아 크림치즈 (독일) | 끼리 크림치즈 | 르갈 크림치즈 | 엘로이 크림치즈 | 스위스벨리 크림치즈 | 필라델피아 크림치즈 (호주) | 앵커 크림치즈 |

오븐과 믹서

빵을 만드는 데 있어 가장 중요한 도구가 바로 오븐과 믹서이다. 믹서는 손으로 하기에 힘든 반죽을 좀 더 쉽게 반죽의 퀄리티를 높여주며, 오븐은 마지막 결과물을 결정하는 중요한 역할을 한다. 한 번 구입하면 오래 두고 사용하는 만큼 오븐과 믹서를 선택할 때는 합리적인 가격과 성능을 고려해야 한다. 이 책에서는 스파SPAR SP-800 믹서와 우녹스UNOX 베이커룩스 샵프로 오븐을 사용해 모든 제품을 만들었다. 오븐과 믹서의 브랜드나 모델에 따라, 작업 환경에 따라 반죽의 상태나 굽는 시간과 온도가 달라지므로 여러 번의 테스트를 통해 내가 가지고 있는 오븐과 믹서의 기준점을 찾는 것이 중요하다.

스파SPAR SP-800 믹서

소형 스텐드 믹서 중 인기가 많은 모델이다. 일반적인 소형 믹서는 머랭이나 거품형 케이크에 특화되어 있지만 빵 반죽을 소화하기에는 버겁게 느껴질 수 있는데, 이 모델은 가벼운 케이크 반죽부터 되직한 빵 반죽까지 무리 없이 사용할 수 있다. 스파 믹서처럼 안전망 액세서리가 있는 경우 밀가루나 액체 재료가 밖으로 튀는 것을 방지할 수 있어 편리하다.

우녹스UNOX
베이커룩스 샵프로 오븐 XEFT-04HS-ETDP-K

홈베이커는 물론 작은 카페를 운영하는 분들에게도 추천할 수 있는 모델이다. 컨벡션 오븐으로 빵을 구우면 마르고 딱딱한 빵으로 구워진다고 생각하기 쉽지만 팬 스피드를 조절할 수 있는 기능이 있어 촉촉한 타입의 빵도 무리 없이 구워낼 수 있고, 내구성도 좋아 오래 두고 사용할 수 있다. 간혹 우녹스 오븐은 열이 세다고 표현하는 분들이 있는데, 정확하게 말하면 우녹스 오븐의 열이 세다기보다는 비슷한 급의 다른 오븐들에 비해 열손실이 적은 것이다. 열손실이 큰 오븐은 그만큼 열을 고르게 전달하지 못하므로, 이런 오븐을 사용할 경우 이 책에서 제시한 우녹스 오븐을 기준으로 한 온도보다 10~20℃ 높여 굽는 것을 추천한다. 위에서 설명한 믹서와 오븐은 직접 비교해보고 사용한 데이터이므로, 여러분들의 선택에 조금이나마 도움이 되기를 바란다.

작업대

여러 가지 작업대가 있지만 업장의 경우 보통 냉장 테이블과 스텐 작업대를, 공방이나 홈베이킹에서는 아일랜드 식탁을 추천한다.

작업대의 사이즈는 업장의 경우 (가로, 세로, 높이 순서로) 1200×600×800mm를 추천하고 업장은 1200×600×800mm 또는 1500×800×800mm 사이즈를 추천한다. 작업대는 보통 환경이나 근무 인원에 따라 다르지만 보통 1200×600×800mm 이상의 사이즈를 1인이 사용하는 것을 추천한다.

제빵은 나무나 폴리에틸렌 재질의 상판을, 제과는 대리석 상판을 추천하는데 나무나 폴리에틸렌 재질의 상판은 열전도율이 떨어져 반죽의 온도를 잘 유지해 제빵에 적합하며, 대리적은 열전도율이 좋아 제과에 적합하다. 나무판은 관리가 조금 까다롭기 때문에 상대적으로 관리가 수월한 폴리에틸렌이나 대리석 상판을 추천한다. (제과와 제빵을 같이 하거나 하나만 추천한다면 대리석을 추천한다.)

빵을 굽고 난 후 무엇을 바를까?

베이커리 매장에 진열되어 있는 먹음직스럽게 윤기나는 빵들을 본 적이 있을 것이다. 어떻게 이렇게 반짝반짝 윤기가 흐르게 광택을 낸 것일까? 대부분의 베이커리에서는 기본적으로 ① 빵에 달걀물을 바르고 설탕 시럽을 뿌리는 경우나 ② 이지 글레이즈나 미로와, 혼당 같은 식품용 광택제를 바르는 경우가 많다. 이렇게 빵의 표면을 코팅해주면 빵 표면의 수분이 증발하는 것을 막아 결과적으로 빵의 노화를 늦춰준다. 달걀물이나 시럽을 바르는 경우 반드시 굽기 전에 바르거나 빵이 구워져 나온 직후 뜨거울 때 발라주어야 한다. 빵이 뜨거울 때 발라야 흡수도 잘 되고 얇고 고르게 코팅되기 때문이다. (빵이 식은 후에 시럽을 바르면 빵이 시럽을 흡수하지 못해 물방울이 맺히듯 표면에 남게 되고, 달걀물의 경우 광택이 나지 않는다.) 빵의 표면에 바르는 광택제의 종류와 특징을 알아보자.

업장에서 추천하는 광택제 3가지

① 미로와

제빵보다는 제과에서 많이 사용되는 살구향이 첨가된 투명한 광택제이다. 케이크나 타르트 위에 올라간 반짝이는 과일에 사용하는 것이 바로 이 미로와이다. 요즘에는 빵에도 많이 사용한다. 보통 미로와와 물을 5:1 비율로 섞어 사용하는데, 간혹 물과 1:1 비율로 섞어 끓여 사용하기도 한다. 끓여 사용하는 경우 식은 완제품에 발라도 무방하다.

② 애프리코트 혼당

살구향 또는 살구 퓌레가 섞여 있는 광택제이다. 미로와는 물에 섞어 사용하지만, 애프리코트 혼당은 물과 함께 끓여 사용한다. 끓여야 하는 점이 번거롭게 느껴지기도 하겠지만 뜨겁게 끓인 상태에서 바르기 때문에 빵이 식은 후에 발라도 문제가 없으며, 미로와보다 광택이 오래 가고 맛도 더 좋다. 이러한 이유로 페이스트리 제품부터 베이글까지 다양하게 사용되고 있다.

③ 이지 글레이즈

최근 가장 많이 사용되고 있는 광택제 중 하나다. 달걀물을 대체해 사용할 수 있으며, 달걀물을 사용했을 때보다 더 선명하고 반짝이는 표면을 만들어준다. 앞서 설명한 미로와나 애프리코트 혼당과 다르게 물을 섞거나 끓이지 않고 있는 그대로 사용한다는 편리한 장점이 있다. (필요에 따라 물을 20~30% 섞어 희석해 사용하는 경우도 있다.) 페이스트리 제품부터 베이글, 단과자빵 등에 다양하게 사용되고 구워진 완제품에 직접 바르기도 하며, 달걀물의 대체품으로 사용되기도 한다. 개인적으로는 반죽을 성형한 후 표면에 발라 2차 발효를 하고 굽는 방법을 추천한다.

홈베이커에게 추천하는 광택제 3가지

앞에서 설명한 광택제 3가지는 업장에서 추천하는 제품이며 홈베이커가 사용하기에는 다소 부담스러울 수 있을 것이다. 이번에는 홈베이커도 부담 없이 사용할 수 있는 광택제를 소개한다.

① 시럽

설탕과 물을 1:2 또는 1:1로 계량해 냄비에 담아 끓여 사용하는 방법이다. 끓일 때 주걱으로 저어주면 설탕이 결정화될 수 있으니 그냥 두고 설탕이 녹을 때까지 중불로 끓여 사용한다. 보통 시럽은 설탕과 물을 1:2 비율로 끓여 사용하는데, 크루아상이나 데니시 페이스트리 같은 제품들은 1:1 비율로 끓인 시럽을 사용해 좀 더 도톰하게 코팅되게 하기도 한다. 시럽은 식빵과 같은 일반 빵보다는 토핑이나 충전물이 들어가는 커다란 빵 종류 또는 단과자빵에 주로 사용된다.

② 우유

구워져 나온 빵에 우유 그대로를 바르거나, 우유와 물을 1:1 비율로 혹은 우유와 시럽을 1:1 비율로 섞어 사용하는 방법이다. 갓 구운 빵에 우유를 바르면 우유의 수분이 빵 속에 스며들고, 우유의 유당, 유단백 성분이 빵에 광택을 내는 역할을 한다. 우유를 바르는 방법은 오븐의 성능이 좋지 않았던 과거에 많이 사용하던 방식이지만 컨벡션 오븐으로 빵을 굽는 경우 빵의 표면이 마르는 경우가 많으므로 우유를 바르는 것도 좋은 방법이다. 우유는 완성된 식빵 표면에 발라주는 것을 추천한다.

③ 달걀물

달걀물은 예전부터 지금까지 많이 사용하는 방법이다. 여기에 약간의 소금을 첨가하면 달걀이 더 잘 풀리고 더 오래 사용할 수 있으며, 설탕을 첨가하면 빵의 색을 좀 더 진하게 낼 수 있지만 달걀에 설탕이 잘 녹지 않아 설탕 대신 시럽을 섞는 것을 더 추천한다.

이 책에서 달걀물에 대해 자세하게 설명하는 이유는 학교 강의나 베이킹 클래스를 진행하거나 현장에서 작업을 할 때 생각보다 많은 분들이 달걀물을 제대로 사용하지 못하는 경우를 많이 보아서이다. 참 쉽고 간단하게 보이지만 달걀의 성질을 잘 이해하지 못한다면 제대로 만들기 어려운 것이 바로 달걀물이다.

달걀의 흰자는 점성이 강해 단순히 저어주기만 해서는 잘 풀어지지 않는다. 거품기를 사용해서 잘 끊어주는 것이 중요한데, 원을 그리며 젓는 것이 아닌, M자를 그려가며 저어야 잘 풀린다. 이런 방법으로 달걀물을 만들어 빵에 발라주면 더 고른 색을 낼 수 있다. 달걀을 잘 풀어주지 못하면 흰자의 알끈이 남아 체에 걸러지는 양이 적어져 손실양이 많아진다. 또한 잘 섞이지 않은 만큼 빵에 바른 부분이 얼룩덜룩해지며, 흰자가 손실된 만큼 노른자 비율이 높아져 의도한 색보다 더 진하게 완성되기도 한다. 잘 만들어진 달걀물을 사용하면 성형할 때 묻은 덧가루가 제거되고, 오븐 속에서 갈변 현상을 일으켜 완성품의 색을 더 균일하고 고르게 만들어준다.

달걀물을 바르는 타이밍도 중요하다. 보통 ① 성형이 끝나고 바르는 경우, ② 2차 발효가 끝나고 바르는 경우, ③ 빵이 구워져 나온 후 바르는 경우로 나뉘는데 각각의 방법마다 완성품의 색이 다르다. ①의 경우 붓을 사용해 바르면 발효된 반죽이 주저앉을 일도 없고 발효 후에 바로 구우므로 간편하다는 장점이 있지만, 발효가 되면서 반죽이 달걀물을 흡수해 완성품의 색이 옅고 광택도 부족하다. ②의 경우 반죽 표면에 있는 수분을 살짝 말려주고 달걀물을 바르는 방법인데, 달걀물을 바르자마자 굽기 때문에 예쁜 갈색으로 잘 표현되지만 반죽 표면에 수분이 너무 많은 상태에서 바르거나, 달걀물을 너무 많이 발랐을 때 그대로 얼룩이 남아 지저분해보일 수 있다. 또한 붓질을 너무 세게 해 애써 발효시킨 반죽이 꺼지지 않도록 주의해야 한다. ③의 경우 굽고난 후에 달걀물을 바르는 방법인데, 달걀물을 미리 준비만 해놓으면 간편하고 빵에서 광택이 많이 나지만 구움색은 약할 수 있어 조금 아쉽게 느껴질 수 있다.

앞서 소개한 방법 중 개인적으로 가장 추천하는 것은 업장에서는 ①과 ③의 방법을 같이(성형이 끝나고 한 번, 굽고난 후 한 번 바르는 방법) 하는 것이고, 시간의 여유가 있는 홈베이커의 경우 ②와 ③의 방법을 같이(2차 발효가 끝나고 한 번, 굽고난 후 한 번 바르는 방법) 하는 것이다. 이렇게 하면 진하고 예쁜 구움색을 낼 수 있고, 굽고 나서 한 번 더 반짝이는 광택을 낼 수 있다.

🥚 달걀물 만들기

① 달걀을 휘퍼로 M자를 그려가며 지그재그로 잘 푼다.
② 달걀 양의 10%의 우유 or 물 or 시럽을 넣고 섞는다.
③ 고운 체에 걸러 사용한다.

• 달걀을 아무리 잘 풀어도 알끈이 완전하게 없어지지는 않으므로 체에 걸러 사용한다. 이렇게 곱게 걸러진 달걀물을 사용해야 완성품의 색도 더 고르게 난다.

베이킹 Q&A

1. 강력분을 통밀가루나 호밀가루로 대체하려면 어떻게 해야 하나요?

통밀가루의 경우 강력분 양과 동일한 양으로 대체할 수 있다. 다만 강력분과 다르게 밀을 도정하지 않은 상태이며 글루텐 함량이 낮아 믹싱 내성이 떨어진다. 따라서 강력분의 전부를 통밀가루로 대체할 경우 수분을 5% 정도 줄여주거나, 발효 중간에 펀치를 주어 반죽의 힘을 키워야 볼륨 있는 빵으로 완성할 수 있다. 제빵 경험이 많지 않은 초보자의 경우 강력분과 통밀을 1:1 또는 7:3 비율로 섞어 사용하는 것을 추천한다.

호밀가루는 글루텐이 적어 반죽의 구조 형성이 어려우므로 전량 대체가 아닌 일부 대체해 사용할 수 있다. 밀가루 양의 20~30% 정도를 호밀가루로 대체해 만들어보고, 작업이 익숙해지면 50%로 늘려보는 것을 추천한다.

2. 설탕의 양을 줄이거나 빼도 괜찮을까요?

제빵에서 설탕의 개념부터 알아보자. 먼저 빵 반죽은 설탕의 함량이 낮은 저배합 반죽, 설탕의 함량이 높은 고배합 반죽으로 나눌 수 있다. 저배합 반죽은 밀가루 대비 설탕이 5~10% 이하로 들어가며, 고배합 반죽은 밀가루 대비 설탕이 10% 이상 들어간다. 저배합 레시피의 경우 설탕이 단맛을 내기 위해 사용된다기보다는 완성된 빵의 내상이나 식감의 이유가 더 크다. 예를 들어 프레첼의 경우 밀가루 대비 설탕이 2~3% 정도 들어가는데, 이 정도의 설탕은 고운 내상을 만들어주고 이스트의 먹이로 대부분이 소비되므로 구워져 나온 빵에서 단맛은 거의 느껴지지 않으며 약간의 감칠맛 정도만 형성되므로 설탕의 양을 줄이는 것을 추천하지 않는다. 단과자빵이나 브리오슈 계열과 같은 고배합인 경우 밀가루 대비 설탕이 10% 이상 들어가는데, 이 정도의 설탕은 고운 내상을 만들어주고 이스트의 먹이로 소비되고도 남는 양이므로 완성된 제품에 있어 단맛을 주는 역할도 크다. 따라서 설탕의 양을 줄이는 것이 가능한데, 단과자빵과 브리오슈 계열 빵의 특성이 사라지지 않고 밸런스가 붕괴되지 않도록 전체 설탕 양의 30% 내외로 줄이는 것을 추천한다. 그리고 설탕이 줄어든 만큼 수분 재료를 늘려 반죽의 수분양을 맞춰주는 것도 잊지 말아야 한다. 저배합과 고배합의 중간 정도인 식빵류의 경우도 20% 내외로 설탕의 양을 줄이는 것을 추천한다.

3. 매끄럽고 탄력 있는 상태로 믹싱이 잘 되지 않는데 이유가 뭘까요?

손반죽의 경우 기술적인 문제가 크다. 강한 힘으로 반죽의 글루텐을 찢었다가 다시 뭉쳐주면서 물리적인 힘이 충분히 가해져야 글루텐이 잘 발전될 수 있는데, 힘이 약하거나 반죽을 치대는 기술이 부적할 경우 글루텐이 발전되기도 전에 이스트가 활성해버리거나 반죽이 산화되기 쉽다. 손반죽은 생각보다 기술이 필요한 작업이다. 초보자라면 밀가루 200~300g 정도의 작은 반죽으로 연습하는 것을 추천한다. 대용량의 반죽보다는 소량 반죽이 손으로 치대기 쉽고 다루기도 편하다.

믹서(반죽기)를 사용하는 경우 물 온도가 중요하다. 따뜻한 물을 사용하게 되면 글루텐이 발전되기도 전에 반죽이 산화되어 스펀지 같은 부들부들한 상태로 변하게 된다. 이때 반죽을 얇게 늘려보면 얇은 막으로 늘려지기는 하지만 울퉁불퉁하고 쉽게 끊어진다. 반죽에 사용하는 물은 차가운 상태로 사용하며, 중간중간 반죽의 상태를 체크해가면서 믹싱해 매끄럽고 탄력 있는 반죽으로 만드는 것이 중요하다. (제품에 따라 이상적인 최종 반죽 온도가 있으므로, 이를 고려해 물의 온도를 결정한다.)

또한 과믹싱되어 반죽을 망치는 것이 걱정되어 믹싱을 덜 하는 경우도 많은데, 이 책에서 사용하는 스파 믹서를 기준으로 했을 때 저속(1단) 1~3분 – 중속(2단) 8~12분 정도 믹싱을 해야 100% 글루텐이 발전된다. (또한 반죽기 훅의 단면이 너무 날카로워도 글루텐 발전을 방해할 수 있다.)

4. 반죽이 너무 질게 느껴지는데 밀가루를 늘리면 되나요?

수업을 할 때, 실제 현장에서, 유튜브를 운영하면서 정말 많이 받는 질문 중 하나다. 결론부터 말하자면 밀가루를 늘리는 것은 추천하지 않는다. 이 책의 '믹싱의 단계(17p)'에서도 설명했지만, 믹싱 초반에는 글루텐이 발전하지 못해 반죽이 굉장히 질게 느껴져 '이게 제대로 된 반죽으로 될까?'하는 생각이 들 수도 있다. 하지만 충분한 시간을 들여 반죽을 완성해보면 '이 정도 수분이 들어가는 것이 맞구나'하는 생각이 들 것이고, 이 반죽으로 빵을 구워내다보면 더더욱 확신이 들 것이다. 기본적으로 반죽이 질면 믹싱도 까다롭고 성형하기도 어렵다. (초보자라면 더더욱 그럴 것이다.) 하지만 수분이 높은 반죽일수록 빵 맛이 더 좋고 노화도 더 느려 좋은 품질의 제품으로 만들 수 있다. 이런 반죽에 밀가루를 추가하면 반죽이 되직해져 믹싱 시간이 더 길어지고 발효도 잘 이루어지지 않으며 결과적으로 푸석한 식감의 노화가 빠른 빵으로 만들어지게 된다. 물론 반죽이 말도 안 되게 죽처럼 진 경우라면 레시피상의 오류로 볼 수도 있지만 이는 반죽을 하기 전 체크할 수 있는 부분이다. 보통 달걀이나 우유가 물과 함께 들어가고 유지가 들어가는 반죽은 밀가루 대비 수분 함량(유지 제외)이 65~75%이며, 80% 이상으로 넘어가지 않는 한 정상적인 레시피라고 생각할 수 있다. 수분을 물로만 사용하는 반죽은 75%까지 정상적인 레시피로 볼 수 있다. 유지가 들어가지 않는 바게트, 치아바타, 포카치아 등의 하드 계열 반죽들은 사용하는 밀가루에 따라 밀가루 대비 수분이 80% 이상인 경우도 있다.

5. 믹싱과 무반죽(폴딩법)의 차이가 무엇인가요?

글루텐은 밀가루와 물이 만나면서 형성되는데, 물리적인 힘이 가해지거나 장시간 방치되면 더욱 발전하게 된다. 무반죽 제법은 따로 레시피가 정해져 있지는 않다. 모든 재료를 섞어주고 20~30분 간격으로 3~4번 펀치나 폴딩을 해 발효를 한다. 요즘은 건강빵 외에도 다양한 종류의 빵을 무반죽 제법으로 만드는데, 보통 3번의 폴딩 과정으로 반죽을 완성한다. (반죽의 수분 함량이 높을수록, 유지 함량이 높을수록 4번까지 폴딩하기도 한다.)

참고로 이 책에 실린 모든 레시피는 무반죽 제법이 가능하다. 무반죽(no kneading) 제법은 직역했을 때 '반죽을 하지 않는'이 맞긴 하지만 실제로는 밀가루와 물이 만나면서 이미 반죽이 되기 때문에 정확하게 말하자면 무반죽보다는 '무 믹싱'이 더 맞을 것이다. 무반죽 제법은 믹서를 사용해 물리적인 힘을 가하지 않으므로 반죽 온도 조절이 쉬우며 반죽 속 케로티노이드 성분을 파괴하지 않아 더 좋은 풍미를 주며 완성된 빵의 품질도 더 좋다. 또한 반죽기가 없는 경우에도 큰 힘을 들이지 않고 빵을 만들 수 있는 장점이 있다. 반면에 반죽기로 믹싱을 하는 것에 비해 시간이 더 오래 걸리고 발효 손실이 더 크다는 단점도 있다.

6. 시간이 지나도 1차 발효가 되지 않는데 이유가 뭘까요?

가장 먼저 반죽의 온도를 체크한다. 반죽의 온도가 너무 낮으면 이스트의 활성이 느려 발효력 또한 떨어진다. 만약 반죽의 온도가 정상이라면 이스트의 상태에 문제가 있는 경우가 많으므로 이스트의 상태를 체크해본다. 체크하는 방법은 30~36℃의 물 100ml에 설탕 5g을 넣고 잘 섞은 후 이스트 5g을 넣고 잘 풀었을 때 활성되면서 기포가 형성되고 시큼한 발효 향이 나면 정상 상태의 이스트이고, 아무런 변화가 없거나 변화가 극히 적다면 사멸한 이스트로 보면 된다. 믹싱의 부족으로 1차 발효가 더딘 경우도 있는데, 이 경우 반죽에 펀치를 주어 글루텐을 강화시키고 형성된 가스를 빼주어 새로운 산소가 들어갈 수 있도록 하면 발효력과 반죽의 힘이 좋아진다.

7. 구워져 나온 빵 표면에 기포가 생겼어요.

빵 표면이 고르지 못한 이유는 여러 요인이 있겠지만, 가장 먼저 사용한 이스트의 상태를 확인해보는 것이 좋다. 유통 기한이 지났거나 잘못 보관해 상태가 좋지 못한 이스트를 사용하면 불안정한 발효로 인해 빵 표면에 기포가 형성된다. 또한 반죽의 표면이 지나치게 건조해졌을 경우, 반죽 온도가 너무 차가운 경우, 2차 발효 시간이 지나치게 긴 경우, 잘못된 과정으로 냉동 반죽을 만들었을 경우에도 비슷한 현상이 나타난다.

8. 가정용 소형 오븐으로도 완성도 높은 빵을 구울 수 있을까요?

보통 열선이 한 줄인 소형 컨벡션 오븐으로 빵을 구울 때 어려움을 겪는 경우가 많다. 빵은 위와 아래 모두 열이 고르게 전달되어야 균일한 품질의 제품이 완성되는데, 아래쪽 열선이 없는 컨벡션 오븐의 경우 빵의 윗면은 색이 나지만 바닥 면은 색이 나지 않는다. 그러므로 위에만 있는 열선이 오븐의 바닥까지 충분하게 예열될 수 있도록 목표로 하는 예열 온도에 도달한 후 20~30분 정도 더 기다렸다가 반죽을 넣고 구워야 완성도 높은 빵으로 만들 수 있다. 참고로 소형 가정 오븐은 업장에서 사용하는 오븐이나 고가형 가정 오븐보다 압력이 떨어지고 열 손실도 높으므로 목표로 하는 온도보다 20℃ 정도 더 높게 설정하는 것을 추천한다.

소형 오븐으로 빵을 굽다보면 초반에는 별 생각이 들지 않다가도 계속 만들며 실력이 늘게 되면 오븐의 한계를 느끼기 마련인데, 이때가 바로 장비 교체를 생각해야 하는 시점일 것이다. 컴팩트한 사이즈와 가격적인 면에 있어 장점도 있지만 아무래도 작업성이나 완성된 빵의 품질이 다를 수밖에 없다.

9. 에어프라이어로 빵을 구울 수 있나요?

최근 전자레인지만큼이나 가정에서 많이 사용되고 있는 에어프라이어는 소형 열풍 오븐으로 볼 수 있다. 컨벡션 오븐처럼 열풍으로 가동되는 제품부터 열선이 따로 달려 있는 제품까지 매우 다양한 만큼 잘만 사용한다면 에어프라이어로도 빵과 과자를 구울 수 있다. 다만 연속해서 빵을 구우면 열전도율이 낮아지고 오븐에 비해 압력도 좋지 않으므로 홈베이킹 용도로만 추천한다. 에어프라이어를 사용할 때는 일반 오븐을 기준으로 한 온도보다 10℃ 정도 높여 굽는 것을 추천하지만, 열선이 따로 존재하는 에어프라이어라면 동일한 온도로 굽는 것을 추천한다.

10. 완성된 빵을 두고두고 맛있게 먹는 방법이 궁금해요.

보통 빵은 구운 직후부터 노화가 시작된다. '빵의 노화'란 밀가루 전분이 수분을 잃어 푸석하게 굳는 과정을 말하는데, 먼저 빵의 겉껍질에서 수분이 증발하고 그 말라버린 겉껍질이 내부의 수분을 다시 빨아들이는 과정을 반복하면서 빵 전체에 수분이 증발해 푸석해지는 것이다.

빵의 노화를 늦추는 방법은 빵을 굽고나서 2시간 동안 서늘한 곳에서 식혀준 후 밀봉해 보관하는 것이다. 이 경우 2~3일 동안은 촉촉한 상태를 유지하며 빵을 맛있게 먹을 수 있다. 더 오래 보관하고 싶다면 밀봉한 빵을 냉동 보관을 추천한다. 크기가 큰 빵이라면 한 번 먹을 분량만큼 소분해 밀봉하면 매번 해동하고 자르는 과정을 반복하지 않아도 되며, 해동하고 다시 얼리고를 반복하면서 빵의 품질이 저하되는 것도 막을 수 있다. 이렇게 냉동 보관한 빵은 실온에서 해동한 후 그대로 먹거나 살짝 구워주면 갓 구운 것처럼 맛있게 먹을 수 있으며, 한 달 정도 보관할 수 있다.

PART 1

BREAD LOAF

식빵

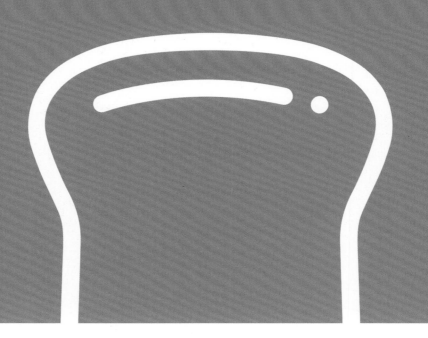

반죽을 틀에 넣고 봉긋하게 구워내는 식빵. 식빵은 단순한 듯 보이지만 생각처럼 쉽게 만들 수 있는 빵은 아니다. 믹싱과 발효를 어떻게 하는지에 따라 완성품의 모양과 내상의 차이가 크며, 사용하는 밀가루나 수율에 따라 식감과 풍미 또한 천차만별이기 때문이다. 예전에는 가볍고 폭신한 식빵을 선호했다면, 요즘에는 밀도가 높으면서도 촉촉한 식빵을 선호하는 추세다. 이 파트에서는 밀도감이 있으면서 부드럽고 촉촉해 그냥 먹어도, 부재료와 곁들여 먹어도 충분히 맛있는 식빵 네 가지를 담았다.

FRESH MILK BREAD

우유 식빵

우유 폴리시 종을 사용한 식빵. 밀가루를 우유에 하루 동안 숙성
시켜 일반 우유 식빵보다 더 부드럽고 고소한 맛으로 완성했다.

600g	2개	165℃	28~30분

PROCESS

→	우유 폴리시	18시간 이상 냉장 발효
→	믹싱	최종 반죽 온도 25~27℃
→	1차 발효	27℃/ 75%, 60분
→	분할	200g
→	벤치타임	실온 10~20분
→	성형	삼봉
→	2차 발효	32℃/ 75%, 50~60분
→	굽기	165℃, 28~30분

INGREDIENTS

우유   300g

◆ 여름에는 냉장고에서 꺼낸 찬 우유를,
　겨울에는 30℃ 정도의 미지근한 우유
　를 사용한다.

이스트   3g

(saf 세미 드라이 이스트 골드)

K블레소레이유 밀가루   300g

◆ K블레소레이유는 강력분으로 대체
　가능하다.

....

603g

HOW TO MAKE

우유 폴리시*

1. 우유에 이스트를 흩뿌린다.

TIP 이스트를 흩뿌리지 않고 한 곳에 몰아 넣거나, 넣은 후 바로 섞어버리면 쉽게
뭉쳐져 덩어리가 생겨 추후 섞는 과정에서 시간이 오래 걸린다.

2. 이스트가 수분을 흡수할 때까지 1분 정도 잠시 기다린다.

3. 이스트가 수분을 흡수하면 K블레소레이유 밀가루를 넣고 섞는다.

4. 볼 입구를 랩핑한 후 5℃ 이하의 냉장고로 옮겨 18시간 이상 발효시켜
사용한다.

TIP 폴리시는 보통 1.5~2배 정도로 부풀어 오르지만, 냉장고의 온도나 재료의 온도에
따라 거의 부풀지 않는 경우도 있다. 여기에서 사용한 우유 폴리시의 경우 발효의
목적보다는 우유가 밀가루에 충분하게 침투하게 하는 것이 목적이므로 10시간
이상만 지나면 사용할 수 있다.
만들어둔 우유 폴리시는 냉장고에 두고 2일간 사용할 수 있다.

우유 폴리시*	전량
K블레소레이유 밀가루	300g
설탕	55g
소금	9g
이스트	6g
(saf 세미 드라이 이스트 골드)	
꿀	25g
우유	185g
버터	50g
....	
	1233g

반죽

5. 믹싱볼에 버터를 제외한 모든 재료를 넣고 저속으로 약 1분, 중속으로 약 3분간 믹싱한다.

TIP 초반부터 고속으로 믹싱하면 밀가루가 날려 재료 손실이 발생하므로, 저속으로 밀가루가 날리지 않게 믹싱한다.

6. 클린 업 단계(반죽이 믹싱볼에서 떨어지기 시작하는 단계)가 되면 버터를 넣고 중속으로 약 8분간 100% 상태로 믹싱한다.

7. 최종 반죽 온도는 25~27℃이다.

TIP 최종 반죽의 상태는 전체적으로 매끄럽고 약간의 윤기가 흐르며, 반죽을 손으로 늘렸을 때 얇고 매끄러운 글루텐 막이 형성된다. 또한 지문이 비칠 정도로 반죽을 늘려도 찢어지지 않아야 이상적인 상태이다.

8. 반죽의 표면이 매끄러워지도록 정리한다.

9. 브레드박스에 담고 반죽이 마르지 않게 뚜껑을 닫아 발효실(27℃, 75%)에서 약 3배 정도 부풀어 오를 때까지 약 60분간 발효시킨다.

10. 핑거 테스트로 발효점을 확인한다.

TIP 밀가루를 묻힌 손가락으로 반죽을 찔렀다 뺐을 때 손가락 자국이 아주 살짝
움츠러드는 정도가 가장 이상적인 발효점이다.

11. 발효된 반죽을 200g씩 분할한다.

12. 반죽의 표면이 매끄러워지도록 가볍게 둥글리기한다.

TIP 둥글리기 작업 시 너무 힘을 과하게 가하면 반죽 표면이 찢어지거나 거칠어진다.
표면이 매끄럽지 못하면 그만큼 가스 보유력이 떨어져 발효력 또한 떨어진다.

13. 브레드박스에 넣고 반죽이 마르지 않도록 뚜껑을 닫아 실온에서
10~20분간 벤치타임을 준다.

TIP 여름의 경우 10분, 겨울의 경우 20분을 기준으로 한다.
벤치타임은 보통 실온에서 하지만 실내 온도가 너무 낮다면 발효실이나 따뜻한
공간에서 하는 것이 좋다.

14. 벤치타임을 마친 반죽을 소량의 덧가루(강력분)를 뿌려가며 밀대로 길게 밀어 편 후 매끄러운 면이 바닥으로 오도록 반죽을 뒤집어 3절로 접는다.

15. 반죽을 90°로 돌린 후 다시 밀어 펴 위에서부터 아래로 반죽이 늘어지지 않도록 탄력 있게 말아준다.

TIP 반죽을 90°로 돌려다시 밀어 펴면 그만큼 반죽의 길이가 늘어나 더 많이 말리게 되므로 더 튼튼한 구조의 식빵을 만들 수 있다.

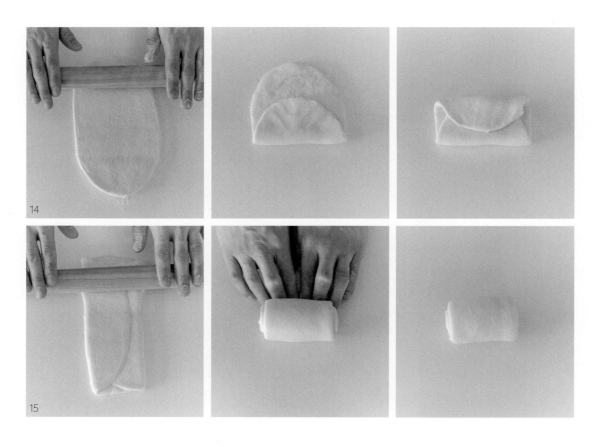

기타

달걀물   적당량

16. 반죽의 이음매가 아래로 가도록 식빵 틀에 반죽을 세 덩어리씩 넣은 후
주먹으로 가볍게 눌러준다.

TIP 여기에서는 10.3 × 19.5 × 11.3cm 크기의 식빵 틀을 사용했다.

17. 발효실(32℃, 75%)에 50~60분간 두어 반죽이 틀 높이 1cm 아래까지
부풀어 오르도록 발효시킨다.

18. 반죽 표면에 달걀물을 바른 후 180℃로 예열된 오븐에 넣고 165℃로
낮춰 약 28~30분간 굽는다.

19. 오븐에서 나오자마자 바닥에 두세 번 내리쳐 틀에서 분리하고
식힘망으로 옮긴 후 달걀물을 한 번 더 발라 윤기를 낸다.

TIP 빠져나오지 못한 뜨거운 증기가 식빵 중앙에 모여 있는 상태이므로 쇼크를 주어
틀에서 바로 꺼낸다. 쇼크를 주지 않으면 식빵 속 수분의 이동이 과해져 찌그러진
형태의 식빵으로 완성된다.

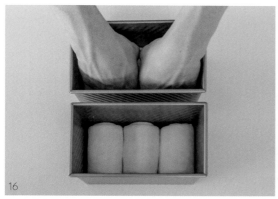

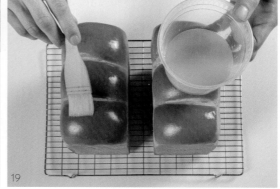

MASCARPONE BREAD
마스카르포네 생식빵

아무것도 더하지 않아도 그 자체로 맛있는 생식빵. 여기에서는 마스카르포네 치즈를 듬뿍 넣어 부드럽게 완성했다. 유지방 함량이 높아 노화가 느려 오랫동안 촉촉한 상태로 즐길 수 있다.

| 600g | 2개 | 165℃ | 28~30분 |

PROCESS

→	믹싱	최종 반죽 온도 25~27℃
→	1차 발효	27℃/ 75%, 60분
→	분할	300g
→	벤치타임	실온 10~20분
→	성형	이봉
→	2차 발효	32℃/ 75%, 50~60분
→	굽기	165℃, 28~30분

INGREDIENTS

K블레소레이유 밀가루	460g
T55 밀가루	118g
설탕	15g
꿀	38g
소금	9g
탈지분유	20g
이스트	8g
(saf 세미 드라이 이스트 골드)	
생크림	118g
우유	262g
얼음 또는 물	95g

◆ 믹싱 시간이 긴 편이므로 여름에는
   얼음을, 겨울에는 물을 사용한다.

마스카르포네	86g

....

1229g

HOW TO MAKE

반죽

1. 믹싱볼에 마스카르포네를 제외한 모든 재료를 넣고 저속으로 약 1분, 중속으로 약 3분간 믹싱한다.

2. 클린 업 단계(반죽이 믹싱볼에서 떨어지기 시작하는 단계)가 되면 마스카르포네를 넣고 중속으로 약 8분간 100% 상태로 믹싱한다.

3. 최종 반죽 온도는 25~27℃이다.

TIP 최종 반죽의 상태는 전체적으로 매끄럽고 약간의 윤기가 흐르며, 반죽을 손으로 늘렸을 때 얇고 매끄러운 글루텐 막이 형성된다. 또한 지문이 비칠 정도로 반죽을 늘려도 찢어지지 않아야 이상적인 상태이다.

4. 반죽의 표면이 매끄러워지도록 정리한다.

5. 브레드박스에 담고 반죽이 마르지 않게 뚜껑을 닫아 발효실(27℃, 75%)에서 약 3배 정도 부풀어 오를 때까지 약 60분간 발효시킨다.

6. 핑거 테스트로 발효점을 확인한다.

TIP 밀가루를 묻힌 손가락으로 반죽을 찔렀다 뺐을 때 손가락 자국이 아주 살짝 움츠러드는 정도가 가장 이상적인 발효점이다.

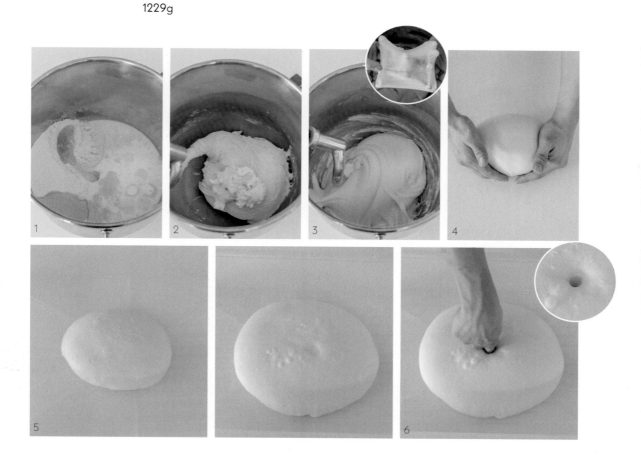

7. 발효된 반죽을 300g씩 분할한다.

8. 반죽의 표면이 매끄러워지도록 가볍게 둥글리기한다.

9. 브레드박스에 넣고 반죽이 마르지 않도록 뚜껑을 닫아 실온에서
10~20분간 벤치타임을 준다.

TIP 여름의 경우 10분, 겨울의 경우 20분을 기준으로 한다.
벤치타임은 보통 실온에서 하지만 실내 온도가 너무 낮다면 발효실이나 따뜻한
공간에서 하는 것이 좋다.

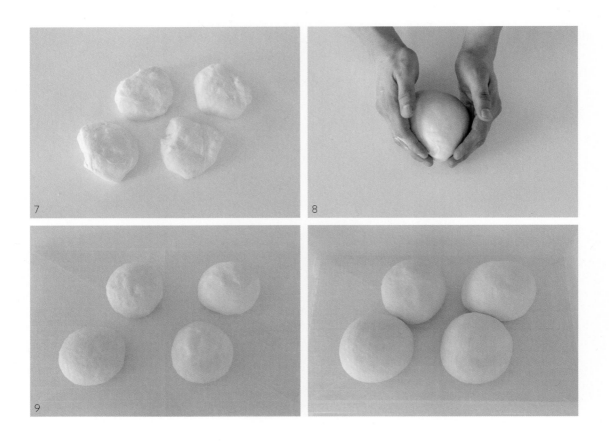

10. 벤치타임을 마친 반죽을 밀대로 길게 밀어 편 후 매끄러운 면이
바닥으로 오도록 반죽을 뒤집어 3절로 접는다.

11. 반죽을 90°로 돌린 후 다시 밀어 펴 위에서부터 아래로 반죽이
늘어지지 않도록 탄력 있게 말아준다.

TIP 반죽을 90°로 돌려다시 밀어 펴면 그만큼 반죽의 길이가 늘어나 더 많이 말리게
되므로 더 튼튼한 구조의 식빵을 만들 수 있다.

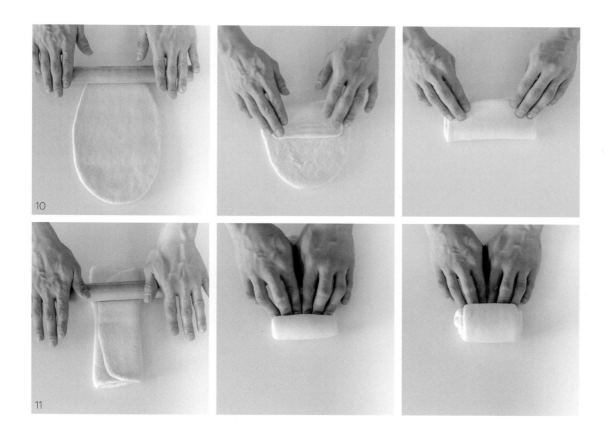

기타

달걀물   적당량

12. 반죽의 이음매가 아래로 가도록 틀에 반죽을 두 덩어리씩 넣은 후
주먹으로 반죽을 가볍게 눌러준다.

TIP 여기에서는 12.5 × 17 × 12.5cm 크기의 식빵 틀을 사용했다.

13. 발효실(32℃, 75%)에 50~60분간 두어 반죽이 틀 높이 1cm 아래까지
부풀어 오르도록 발효시킨다.

14. 반죽 표면에 달걀물을 바른 후 180℃로 예열된 오븐에 넣고 165℃로
낮춰 약 28~30분간 굽는다.

15. 오븐에서 나오자마자 바닥에 두세 번 내리쳐 틀에서 분리하고
식힘망으로 옮긴 후 달걀물을 한 번 더 발라 윤기를 낸다.

TIP 빠져나오지 못한 뜨거운 증기가 식빵 중앙에 모여 있는 상태이므로 쇼크를 주어
틀에서 바로 꺼낸다. 쇼크를 주지 않으면 식빵 속 수분의 이동이 과해져 찌그러진
형태의 식빵으로 완성된다.

12

13

14

15

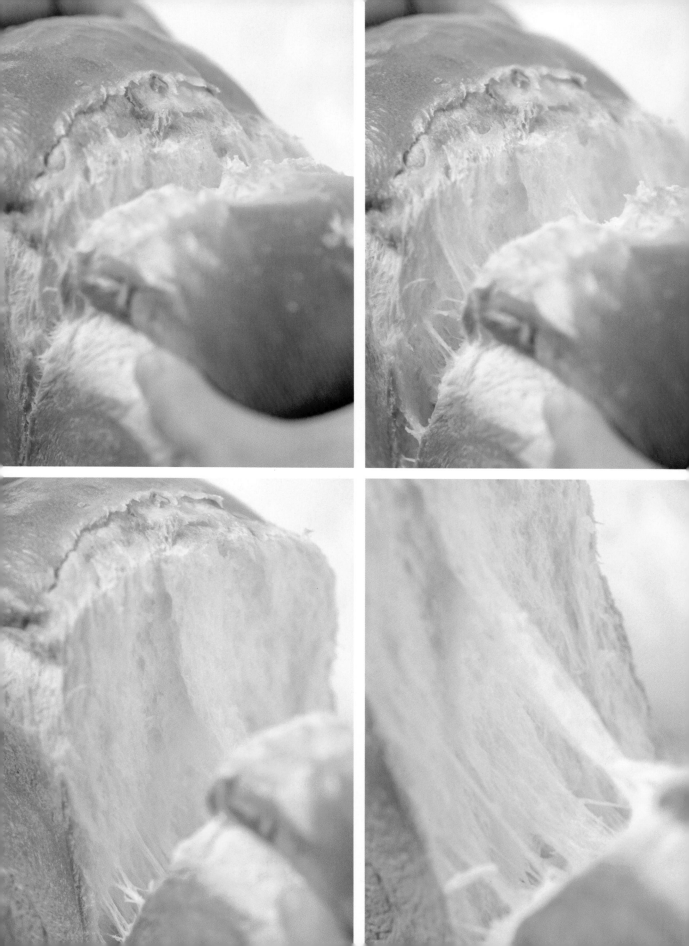

MILK & BUTTER BREAD
우유 버터 모닝빵

마스카르포네 생식빵 반죽을 작게 성형해 우유 버터 크림을 채워 만든 하츠베이커리에서 실제 판매 중인 제품이다. 촉촉한 생식빵과 우유와 버터의 깊은 맛이 느껴지는 농후한 크림이 가득 들어간 이 빵은 그냥 먹어도 맛있지만 전자레인지에서 10~15초간 살짝 데워 먹으면 크림이 부드럽게 녹아 더 촉촉하게 먹을 수 있다. 마스카르포네 생식빵을 만들 때 절반은 생식빵으로, 절반은 우유 버터 모닝빵으로 만들어보는 것을 추천한다.

60g

12개

170℃

10~12분

PROCESS

→	믹싱	최종 반죽 온도 25~27℃
→	1차 발효	27℃/ 75%, 60분
→	분할	30g
→	벤치타임	실온 10~20분
→	성형	이봉
→	2차 발효	32℃/ 75%, 50~60분
→	굽기	170℃, 10~12분

INGREDIENTS

버터	220g
탈지분유	30g
연유	110g

....

360g

마스카르포네 생식빵 반죽
(60p)   720g

HOW TO MAKE

우유 버터 크림

1. 볼에 포마드 상태의 버터를 넣고 부드럽게 푼다.

2. 탈지분유와 연유를 넣고 중속으로 약 3분간 뽀얀 상태가 될 때까지 휘핑한다.

TIP 우유 버터 크림은 사용하기 직전 전자레인지로 짧게 끊어가며 부드러운 상태로 만들어 사용한다. 바로 사용할 것이 아닌 경우 밀폐해 냉장 보관한다.

반죽

3. 1차 발효를 마친 '마스카르포네 생식빵 반죽'을 준비한다.

4. 반죽을 30g씩 분할한 후 반죽의 표면이 매끄러워지도록 가볍게 둥글리기한다.

5. 브레드박스에 넣고 반죽이 마르지 않도록 뚜껑을 닫아 실온에서 10~20분간 벤치타임을 준다.

TIP 여름의 경우 10분, 겨울의 경우 20분을 기준으로 한다.
벤치타임은 보통 실온에서 하지만 실내 온도가 너무 낮다면 발효실이나 따뜻한 공간에서 하는 것이 좋다.

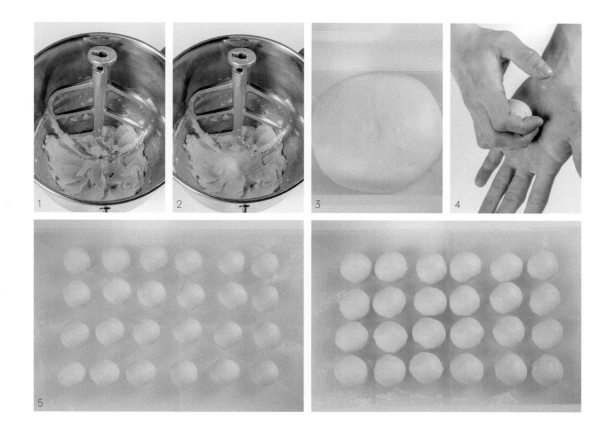

기타

달걀물   적당량

6. 벤치타임을 마친 반죽을 다시 둥글리기해 동그랗게 성형한다.

7. 반죽의 이음매가 아래로 가도록 플럼피 틀에 반죽을 두 덩어리씩 넣은 후 주먹으로 가볍게 눌러 자리를 잡는다.

TIP 여기에서는 4 × 8 × 4cm 크기의 미니 사이즈 플럼피 틀을 사용했다.

8. 발효실(32℃, 75%)에 50~60분간 두어 반죽이 틀 높이까지 부풀어 오르도록 발효시킨다.

9. 반죽 표면에 달걀물을 바른 후 180℃로 예열된 오븐에 넣고 170℃로 낮춰 약 10~12분간 굽는다.

10. 오븐에서 나오자마자 달걀물을 한 번 더 발라 윤기를 낸다.

11. 지름 0.5cm 원형 깍지(801번)를 이용해 우유 버터 크림을 14g씩 총 두 군데에 충전한다. (총 28g)

 ➡

화살표 방향으로 칼집을   칼집을 낸 곳에 우유 버터 크림을
총 2번 낸다.   파이핑한다.

12. 남은 우유 버터 크림을 빵 윗면에 약 2g씩 동그랗게 파이핑해 마무리한다.

 윗면에도 우유 버터 크림을 동그랗게 파이핑한다.

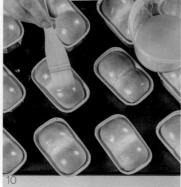

04

RYE & POTATO BREAD

호밀 감자 식빵

호밀 특유의 거친 식감과 강한 향을 좋아하지 않는 분들도 맛있게 즐길 수 있도록 감자를 더해 쫄깃하면서도 부드러운 식감, 담백하면서도 고소한 맛으로 완성했다. 빵 자체가 맛있는 만큼 많은 것을 곁들이는 것보다 따뜻할 때 찢어 먹거나, 살짝만 구워 햄과 치즈 정도만 샌딩해 먹는 것을 추천한다.

200g

5개

175℃

20~22분

PROCESS

→	믹싱	최종 반죽 온도 25℃
→	1차 발효	27℃/ 75%, 30분 - 폴딩 - 30분
→	분할	200g
→	벤치타임	실온 10~20분
→	성형	원 루프
→	2차 발효	32℃/ 75%, 50~60분
→	굽기	175℃, 20~22분

INGREDIENTS

찐 감자	170g
강력분	345g
호밀가루 (Bob's Red Mill)	77g
설탕	58g
소금	10g
이스트 (saf 세미 드라이 이스트 골드)	7g
물	135g
우유	135g
버터	58g
구운 호두 분태	50g

·························
1045g

HOW TO MAKE

반죽

1. 믹싱볼에 버터와 구운 호두 분태를 제외한 모든 재료를 넣고 저속으로 약 1분, 중속으로 약 3분간 믹싱한다.

TIP 감자는 미리 쪄 껍질을 제거해 충분히 식혀 사용한다.

2. 클린 업 단계(반죽이 믹싱볼에서 떨어지기 시작하는 단계)가 되면 버터를 넣고 중속으로 약 5분간 100% 상태로 믹싱한다.

3. 최종 반죽 온도는 약 25℃이다.

TIP 최종 반죽의 상태는 전체적으로 매끄럽고 약간의 윤기가 흐르며, 반죽을 손으로 늘렸을 때 얇고 매끄러운 글루텐 막이 형성된다. 또한 지문이 비칠 정도로 반죽을 늘려도 찢어지지 않아야 이상적인 상태이다.

4. 구운 호두 분태를 넣고 저속으로 1~2분간 섞는다.

TIP 호두는 전처리한 것을 사용한다. (76p 참고)

5. 반죽의 표면이 매끄러워지도록 정리한다.

TIP 호밀가루가 들어가 글루텐의 구조가 약한 반죽이며, 반죽 자체의 수율이 높아 질척한 편이다. 따라서 스크래퍼를 이용해 반죽이 바닥에 붙지 않게 하면서 반죽의 표면을 매끄럽게 만들어준다.

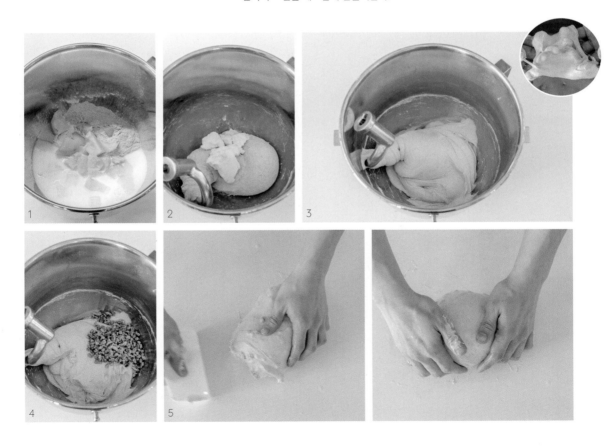

6. 브레드박스에 담고 반죽이 마르지 않게 뚜껑을 닫아 발효실(27℃, 75%)에서 2배 정도 부풀어 오를 때까지 약 30분간 발효시킨다.

7. 2배로 부풀어 오른 것이 확인되면 반죽에 밀가루를 뿌리고 손바닥으로 가볍게 펀치를 준다.

8. 반죽을 상하좌우로 폴딩한 후 가볍게 눌러 약 30분간 추가 발효시킨다.

9. 핑거 테스트로 발효점을 확인한다.

TIP 밀가루를 묻힌 손가락으로 반죽을 찔렀다 뺐을 때 손가락 자국이 아주 살짝 움츠러드는 정도가 가장 이상적인 발효점이다.

10. 발효된 반죽을 200g씩 분할한다.

11. 반죽의 표면이 매끄러워지도록 가볍게 둥글리기한다.

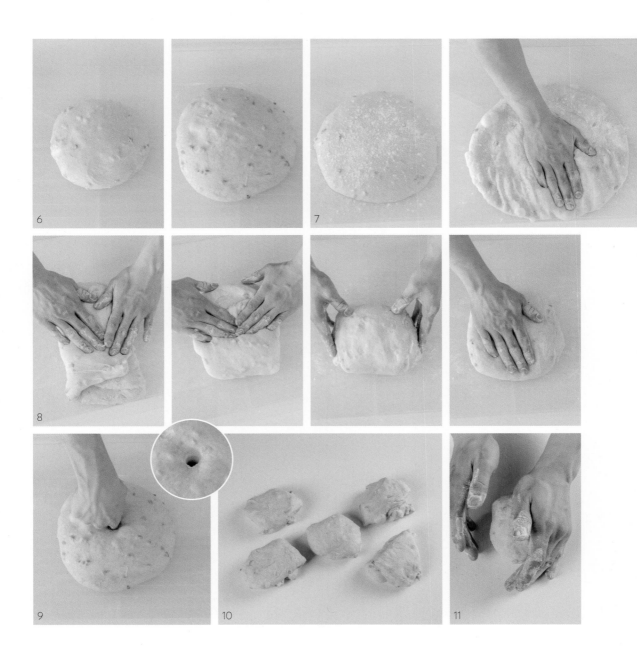

12. 브레드박스에 넣고 반죽이 마르지 않도록 뚜껑을 닫아 실온에서
10~20분간 벤치타임을 준다.

TIP 여름의 경우 10분, 겨울의 경우 20분을 기준으로 한다.
벤치타임은 보통 실온에서 하지만 실내 온도가 너무 낮다면 발효실이나 따뜻한
공간에서 하는 것이 좋다.

13. 벤치타임을 마친 반죽을 밀대로 길게 밀어 편 후 매끄러운 면이
바닥으로 오도록 반죽을 뒤집어 3절로 접는다.

14. 반죽을 90°로 돌린 후 다시 밀어 펴 위에서부터 아래로 반죽이
늘어지지 않도록 탄력 있게 말아준다.

TIP 반죽을 90°로 돌려다시 밀어 펴면 그만큼 반죽의 길이가 늘어나 더 많이 말리게
되므로 더 튼튼한 구조의 식빵을 만들 수 있다.

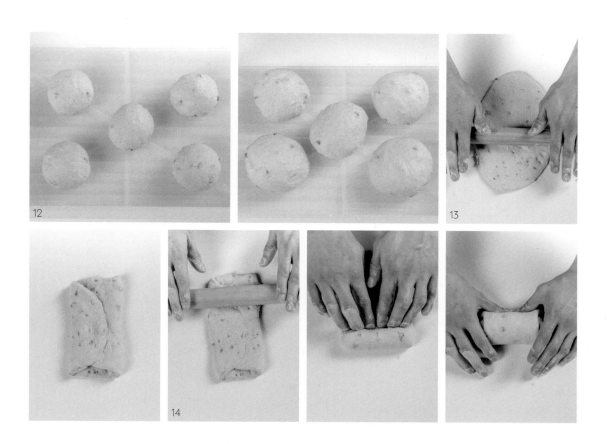

15. 반죽의 이음매가 아래로 가도록 오란다 틀에 넣은 후 주먹으로 가볍게 눌러준다.

TIP 여기에서는 15.5 × 7.5 × 6.5cm 크기의 오란다 틀을 사용했다.

16. 발효실(32℃, 75%)에 50~60분간 두어 반죽이 오란다 틀 높이까지 부풀어 오르도록 발효시킨다.

17. 반죽 표면에 호밀가루(분량 외)를 뿌린다.

18. 쿠프 나이프로 낙엽 모양을 낸 후 180℃로 예열된 오븐에 넣고 175℃로 낮춰 약 20~22분간 굽는다.

TIP 취향에 따라 다양한 무늬를 내거나, 쿠프 작업을 하지 않아도 된다.

19. 오븐에서 나오자마자 바닥에 두세 번 내리쳐 틀에서 분리하고 식힘망으로 옮긴다.

TIP 빠져나오지 못한 뜨거운 증기가 식빵 중앙에 모여 있는 상태이므로 쇼크를 주어 틀에서 바로 꺼낸다. 쇼크를 주지 않으면 식빵 속 수분의 이동이 과해져 찌그러진 형태의 식빵으로 완성된다.

호두 전처리하기

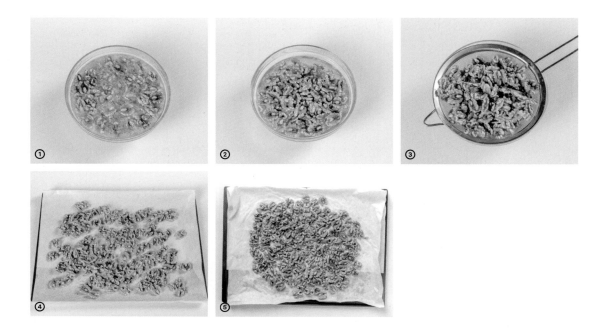

① 따뜻한 물에 호두를 깨끗하게 헹군다.

TIP 호두 껍질에서 나는 쓴맛과 호두 주름 사이에 끼어 있는 이물질을 제거해 호두의
맛을 더 깔끔하게 만들어주는 과정이다.

② 따뜻한 물을 4~5회 교체해가며 호두의 이물질이 더 이상 나오지 않아
물이 깨끗한 상태로 유지될 때까지 헹군다.

③ 체에 10분간 받쳐 물기를 충분하게 제거한다.

④ 유산지를 깐 팬에 펼쳐 150℃로 예열된 오븐에서 15분 정도 굽는다.

TIP 5분마다 호두를 뒤집어가며 골고루 바삭하게 굽는다.

⑤ 구워져 나온 호두는 충분히 식힌 후 사용한다.

TIP 사용할 때마다 전처리 작업을 하는 것보다 한 번에 넉넉한 양을 만들어두고
보관하면서 사용하면 편리하다. 냉장 상태로는 1개월 동안, 냉동 상태에서는 6개월
이상 보관이 가능하다.

호밀 감자 식빵은 감자 함량이 매우 높은 편인데
감자의 전분이 뜨거운 오븐 안에서 팽창했다가 식으면서 다시 살짝 수축한다.
그래서 완성된 빵의 옆면이 살짝 들어가는 것은 자연스러운 현상이다.
만약 옆면이 일자로 매끈한 모양을 원한다면 감자의 양을 반으로 줄이면 된다.
다만 줄인 만큼 맛은 떨어지니 테스트해보고 줄여보는 것을 추천한다.

05

OLIVE FOCACCIA BREAD
올리브 포카치아 식빵

이탈리아의 대표적인 빵인 포카치아를 식빵 버전으로 만들어 본 메뉴다. 부드럽고 촉촉한 식감에 쫀득한 썬드라이 토마토를 더해 맛과 식감에 있어 밸런스를 맞췄다. 남은 빵은 밀봉해 냉동 보관하며 에어프라이어에서 따뜻하게 데워주면 갓 구운 듯한 따끈한 빵으로 맛볼 수 있다.

| 200g | 5개 | 150℃ | 20~22분 |

PROCESS

→	믹싱	최종 반죽 온도 25℃
→	1차 발효 및 펀치	25℃/ 75%, 30분 - 폴딩 - 30분
→	분할	200g
→	벤치타임	실온 10~20분
→	성형	원 루프
→	2차 발효	32℃/ 75%, 50~60분
→	굽기	150℃, 20~22분

INGREDIENTS

T65 밀가루	224g
T55 밀가루	224g
설탕	9g
소금	7g
이스트	6g
(saf 세미 드라이 이스트 레드)	
물	314g
올리브유	44g

....

828g

HOW TO MAKE

반죽

1. 믹싱볼에 올리브유를 제외한 모든 재료를 넣고 저속으로 약 1분, 중속으로 약 3분간 믹싱한다.

TIP 올리브유는 엑스트라 버진 등급을 사용하는 것을 추천한다.

2. 발전 단계가 되면 올리브유를 넣고 중속으로 약 7분간 100% 상태로 믹싱한다.

3. 최종 반죽 온도는 25℃이다.

TIP 최종 반죽의 상태는 전체적으로 매끄럽고 약간의 윤기가 흐르며, 반죽을 손으로 늘렸을 때 얇고 매끄러운 글루텐 막이 형성된다. 또한 지문이 비칠 정도로 반죽을 늘려도 찢어지지 않아야 이상적인 상태이다.

4. 반죽에 충전물을 올려가며 손으로 접기를 반복해 충전물이 골고루 섞이도록 한다.

TIP 충전물은 볼 안에서 반죽과 함께 섞어도 되고, 작업대로 옮겨 반죽 안에 충전물을 넣어가며 작업해도 된다. 단, 반죽기로 믹싱하면 올리브가 부서질 수 있으므로 주의한다.

5. 반죽의 표면이 매끄러워지도록 정리한다.

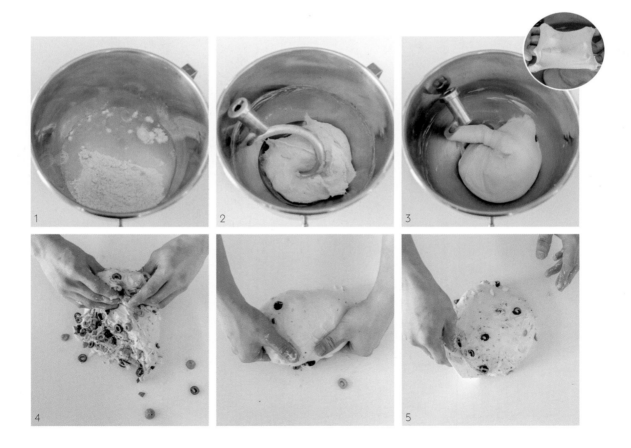

충전물

블랙올리브	70g
그린올리브	70g
다진 적양파	70g
건조 로즈마리	2g
건조 바질	2g
....	
	214g

6. 브레드박스에 담고 반죽이 마르지 않게 뚜껑을 닫아 발효실(25℃, 75%) 에서 약 2배 정도 부풀어 오를 때까지 약 30분간 발효시킨다.

7. 2배로 부풀어 오른 것이 확인되면 반죽에 밀가루를 뿌리고 손바닥으로 가볍게 펀치를 준다.

8. 반죽을 상하좌우로 폴딩한 후 가볍게 눌러 약 30분간 추가 발효시킨다.

9. 핑거 테스트로 발효점을 확인한다.

TIP 밀가루를 묻힌 손가락으로 반죽을 찔렀다 뺐을 때 손가락 자국이 아주 살짝 움츠러드는 정도가 가장 이상적인 발효점이다.

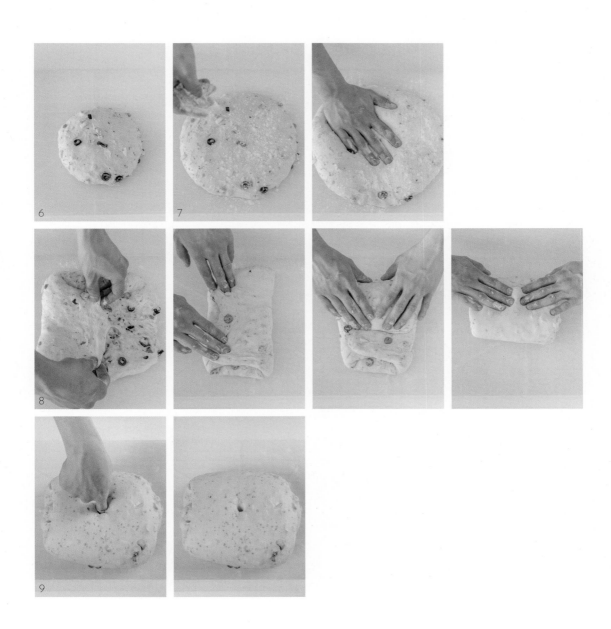

기타

썬드라이 토마토(충전용)	100g
썬드라이 토마토(토핑용)	적당량
에멘탈치즈(슈레드)	적당량
블랙올리브	적당량
그린올리브	적당량
허브	적당량

10. 발효된 반죽을 200g씩 분할한다.

11. 반죽의 표면이 매끄러워지도록 가볍게 둥글리기한다.

12. 브레드박스에 넣고 반죽이 마르지 않도록 뚜껑을 닫아 실온에서
10~20분간 벤치타임을 준다.

TIP 여름의 경우 10분, 겨울의 경우 20분을 기준으로 한다.
벤치타임은 보통 실온에서 하지만 실내 온도가 너무 낮다면 발효실이나 따뜻한
공간에서 하는 것이 좋다.

13. 벤치타임을 마친 반죽을 밀대로 길게 밀어 편 후 매끄러운 면이
바닥으로 오도록 반죽을 뒤집는다.

14. 적당한 크기로 자른 썬드라이 토마토를 약 20g씩 올린다.

15. 위에서 아래로 말아준다.

TIP 성형할 때 반죽이 늘어지지 않게 탄력 있게 말아준다.

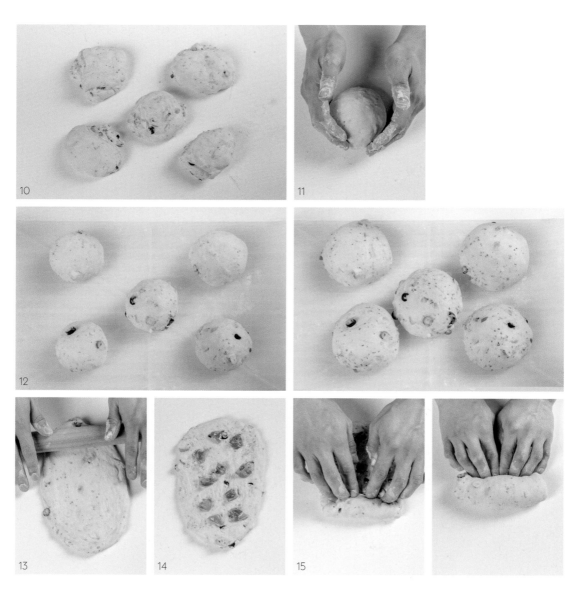

16. 반죽의 이음매가 아래로 가도록 오란다 틀에 넣은 후 주먹으로 가볍게
눌러준다.

TIP 여기에서는 15.5 × 7.5 × 6.5cm 크기의 오란다 틀을 사용했다.

17. 발효실(32℃, 75%)에 50~60분간 두어 반죽이 오란다 틀 높이까지
부풀어 오르도록 발효시킨다.

18. 썬드라이 토마토, 에멘탈치즈, 블랙올리브, 그린올리브를 올린 후
170℃로 예열된 오븐에 넣고 150℃로 낮춰 약 20~22분간 굽는다.

TIP 토핑을 올리기 전에 물을 뿌려주면 반죽과 토핑이 더 잘 붙는다.

19. 오븐에서 나오자마자 바닥에 두세 번 내리쳐 틀에서 분리하고
식힘망으로 옮긴다. 빵이 식으면 취향에 따라 허브로 장식해
마무리한다.

TIP 빠져나오지 못한 뜨거운 증기가 식빵 중앙에 모여 있는 상태이므로 쇼크를 주어
틀에서 바로 꺼낸다. 쇼크를 주지 않으면 식빵 속 수분의 이동이 과해져 찌그러진
형태의 식빵으로 완성된다.

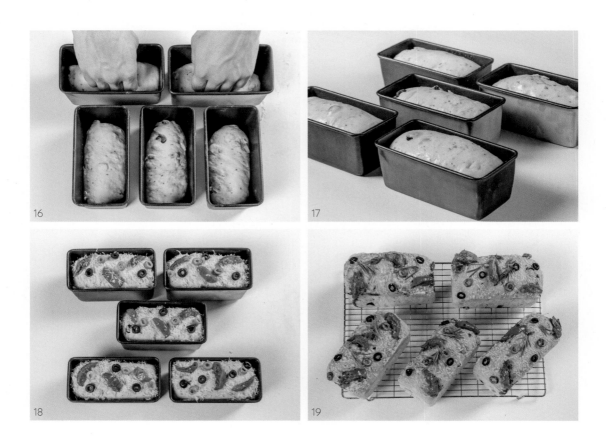

PART 2.

SALTED BUN

소금빵

소금빵(시오빵)은 일본 히라타 사토시라는 베이커가 처음 고안한 빵으로, 일본에서도 뜨거운 반응을 얻었지만 국내에서도 몇 년 전부터 지금까지 꾸준한 인기를 끌고 있는 빵이다. 본래 소금빵은 버터롤처럼 부드러우면서 쫀득한 식감으로 만들었지만, 국내로 전파되면서 바삭한 버전 등 다양한 식감의 소금빵이 생겨났다. 이 파트에서는 부드러운 버전과 크랙이 있는 바삭한 버전 두 가지 소금빵, 그리고 이 두 가지 기본 소금빵에 다양한 충전물을 채워 만드는 응용 버전을 소개한다.

SOFT
SALTED BUN

부들 소금빵

부드러운 버터롤 스타일의 소금빵으로 하츠베이커리에서 실제
판매하고 있는 제품이다. 속은 물론 겉껍질까지 부드러우면서
도 쫀득한 식감으로 즐길 수 있도록 만들었다. 씹을수록 느껴지
는 속 버터의 풍미가 매력이다.

100g	10개	180℃	11분

PROCESS

→	믹싱	최종 반죽 온도 25℃
→	1차 발효	25℃ / 75%, 60분
→	분할	100g
→	벤치타임	실온 10분
→	가성형	올챙이 모양
→	벤치타임	실온 5~10분
→	성형	소금빵 모양
→	2차 발효	27℃ / 75%, 50~60분
→	굽기	180℃, 11분

INGREDIENTS

K블레소레이유	250g
강력분	250g
소금	9g
설탕	50g
꿀	15g
이스트	6g
(saf 세미 드라이 이스트 골드)	
우유	370g
물 또는 얼음	40g
버터	40g
	1030g

HOW TO MAKE

반죽

1. 믹싱볼에 모든 재료를 넣고 저속으로 약 1분, 중속으로 약 13분간 100% 상태로 믹싱한다.

TIP 버터의 양이 밀가루 대비 10% 이하로 소량인 경우 다른 재료들과 함께 초반부터 믹싱해도 글루텐 형성에 큰 영향을 끼치지 않는다.

2. 최종 반죽 온도는 약 25℃이다.

TIP 최종 반죽의 상태는 전체적으로 매끄럽고 약간의 윤기가 흐르며, 반죽을 손으로 늘렸을 때 얇고 매끄러운 글루텐 막이 형성된다. 또한 지문이 비칠 정도로 반죽을 늘려도 찢어지지 않아야 이상인 상태이다.

3. 반죽의 표면이 매끄러워지도록 정리한다.

4. 브레드박스에 담고 반죽이 마르지 않게 뚜껑을 닫아 발효실(25℃, 75%)에서 약 3배 정도 부풀어 오를 때까지 약 60분간 발효시킨다.

5. 핑거 테스트로 발효점을 확인한다.

TIP 밀가루를 묻힌 손가락으로 반죽을 찔렀다 뺐을 때 손가락 자국이 아주 살짝 움츠러드는 정도가 가장 이상적인 발효점이다.

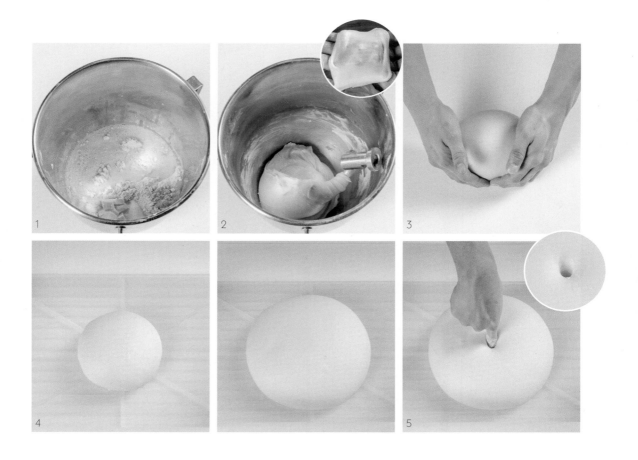

6. 발효된 반죽을 100g씩 분할한다.

7. 반죽의 표면이 매끄러워지도록 가볍게 둥글리기한다.

TIP 둥글리기 작업 시 너무 힘을 과하게 가하면 반죽 표면이 찢어지거나 거칠어진다.
표면이 매끄럽지 못하면 그만큼 가스 보유력이 떨어져 발효력 또한 떨어진다.

8. 브레드박스에 넣고 반죽이 마르지 않도록 뚜껑을 닫아 실온에서
약 10분간 벤치타임을 준다.

TIP 여름의 경우 10분, 겨울의 경우 20분을 기준으로 한다.
벤치타임은 보통 실온에서 하지만 실내 온도가 너무 낮다면 발효실이나 따뜻한
공간에서 하는 것이 좋다.

9. 벤치타임을 마친 반죽을 올챙이 모양으로 만든다.

10. 브레드박스에 넣고 반죽이 마르지 않도록 뚜껑을 닫아 실온에서
5~10분간 벤치타임을 준다.

충전물

오셀카 버터(10g) 10조각

◆ 오셀카 버터는 10g으로 분할한 것을
10개 준비한다.

11. 반죽을 밀대로 길게 밀어 편 후 매끄러운 면이 바닥으로 오도록
뒤집는다.

TIP 위쪽부터 밀어편 후 반죽 아랫부분을 잡은 상태에서 밀대를 아래로 내려가며
35cm 정도로 길게 밀어 편다.

12. 준비한 오셀카 버터(무염)를 올린다.

13. 오셀카 버터를 반죽으로 감싸면서 위에서 아래로 탄력 있게 말아준다.

14. 끝부분의 반죽을 잘 붙여준다.

소금빵 성형 영상으로 배우기

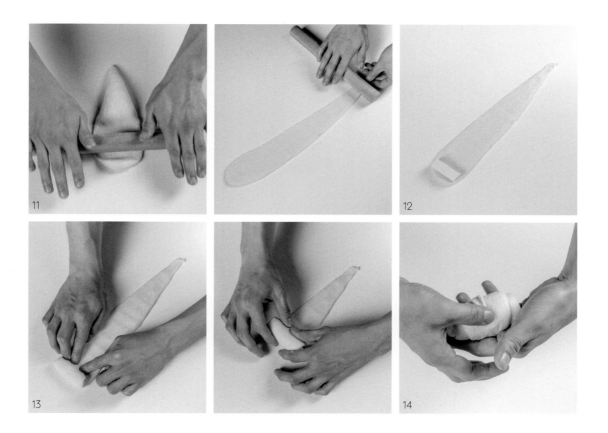

토핑

펄솔트   적당량

기타

달걀물   적당량

15. 이음매가 아래로 가도록 철판에 팬닝한 후 반죽이 2배로 부풀어 오를 때
까지 발효실(27℃, 75%)에서 50~60분간 발효시킨다.

16. 발효가 끝나면 분무기로 물을 뿌린다.

17. 펄솔트를 소량씩 올린 후 200℃로 예열된 오븐에 넣고 180℃로 낮춰
약 11분간 굽는다.

18. 구워져나온 직후 달걀물을 바른다.

TIP 부들 소금빵은 실온에서 1~2일간 두고 먹을 수 있으며, 하루가 지난 빵은
샌드위치로 만들면 맛있게 먹을 수 있다. 오래 두고 먹을 경우 식히자마자 밀봉해
냉동실에 보관하고, 에어프라이어에서 160℃로 5분 정도 데워 먹으면 갓구운
듯한 소금빵을 맛볼 수 있다.

15

16

17

18

SOFT SALTED BUN WITH EGG MAYO

에그마요 소금빵

부들 소금빵은 그 자체로 먹어도 맛있지만 샌드위치로 만들어 먹어도 정말 맛있는데, 그중에서도 고소한 에그마요 샐러드를 가득 넣은 소금빵은 브런치 메뉴로도 손색 없는 하츠베이커리 의 인기 제품이다.

100g

6개

180℃

11분

PROCESS

→	믹싱	최종 반죽 온도 25℃
→	1차 발효	25℃/ 75%, 60분
→	분할	100g
→	벤치타임	실온 10분
→	가성형	올챙이 모양
→	벤치타임	실온 5~10분
→	성형	소금빵 모양
→	2차 발효	27℃/ 75%, 50~60분
→	굽기	180℃, 11분

INGREDIENTS

양파	36g
라지 스위트 피클	36g
마요네즈	120g
설탕	30g
머스터드(100%)	12g
소금	적당량
후추	적당량
삶은 달걀	500g

....

734g

HOW TO MAKE

에그마요 샐러드

1. 볼에 잘게 다진 양파와 라지 스위트 피클, 마요네즈, 설탕, 머스터드, 소금, 후추를 넣고 섞어 에그마요 소스를 만든다.

2. 체에 내린 삶은 달걀을 넣고 섞는다.

TIP 달걀은 껍질 포함 550g을 준비해 소금 1큰술, 식초 1큰술과 함께 냄비에 담아 15~20분간 삶은 후, 찬물에 담가 껍질을 벗겨내 굵은 체에 내리거나 손으로 조물조물 으깨 사용한다.

부들 소금빵(91p)   6개

기타

건조 파슬리 가루   적당량

에그마요 소금빵

3. 부들 소금빵을 2/3 정도 가른다.

TIP 취향에 따라 게살마요 소금빵(96p)처럼 윗면의 가운데를 갈라 충전해도 좋다.

4. 에그마요 샐러드를 120g씩 충전한다.

5. 건조 파슬리 가루를 뿌려 마무리한다.

SOFT SALTED BUN WITH CRAB MAYO
게살마요 소금빵

새콤달콤 아삭한 수제 당근 라페와 에그마요 소스에 버무린 게 살을 듬뿍 넣은 샌드위치다. 고소함이 매력인 에그마요 소금빵 과는 또다른 매력을 느낄 수 있다.

100g

6개

180℃

11분

PROCESS

→	믹싱	최종 반죽 온도 25℃
→	1차 발효	25℃/ 75%, 60분
→	분할	100g
→	벤치타임	실온 10분
→	가성형	올챙이 모양
→	벤치타임	실온 5~10분
→	성형	소금빵 모양
→	2차 발효	27℃/ 75%, 50~60분
→	굽기	180℃, 11분

INGREDIENTS

당근	200g
소금	6g
레몬즙	40g
설탕	35g
꿀	10g
후추	적당량

....
291g

크래미 게살	270g
양파	60g
에그마요 소스	120g
(94p 1번 과정)	

....
450g

HOW TO MAKE

당근 라페

1. 당근은 깨끗이 씻어 물기를 제거한 후 얇게 채를 썬다.

2. 볼에 채 썬 당근, 소금, 레몬즙을 넣고 가볍게 버무린 후 30~60분간 그대로 두고 절인다.

TIP 하루 동안 절여두고 사용하면 가장 맛있다.

3. 절인 당근을 꼭 짜 체에 올려 물기를 제거한다.

4. 설탕, 꿀, 후추를 넣고 골고루 버무려 마무리한다.

게살마요 소스

5. 볼에 모든 재료를 넣고 골고루 버무린다.

TIP 크래미 게살은 결을 따라 찢고, 양파는 얇고 작게 썰어 사용한다.

부들 소금빵(91p)　　6개

기타
건조 파슬리 가루　적당량

게살마요 소금빵

6. 부들 소금빵을 2/3로 가른다.

7. 당근 라페를 30g씩 충전한다.

8. 게살마요 소스를 70g씩 충전한다.

9. 건조 파슬리 가루를 뿌려 마무리한다.

6

7

8

9

09.

CRACKED SALTED BUN

크랙 소금빵

멋스럽게 갈라지는 껍질이 포인트인 크랙 소금빵. 겉은 바삭하고 속은 촉촉한 레시피로 만들었다. 크랙 소금빵은 굽고 난 직후에는 맛있지만 식으면서 질겨지기 쉬운데, 이 책에서는 굽고 난 후 3~5시간까지 바삭함을 유지하고 그 이후에는 점점 더 부드러워지는 레시피로 만들어보았다.

70g

12개

220℃ ········· 3분
200℃ ········· 15~17분

PROCESS

→	믹싱	최종 반죽 온도 25℃
→	1차 발효	25℃/ 75%, 30분 - 폴딩 - 30분
→	분할	70g
→	벤치타임	실온 10분
→	가성형	올챙이 모양
→	벤치타임	실온 5~10분
→	성형	소금빵 모양
→	2차 발효	27℃/ 75%, 50~60분
→	굽기	220℃ 3분, 200℃ 15~17분

INGREDIENTS

T55 밀가루	450g
강력분	50g
설탕	10g
소금	10g
탈지분유	15g
이스트	6g
(saf 세미 드라이 이스트 레드)	
버터	15g
물	340g
....	
	896g

HOW TO MAKE

반죽

1. 믹싱볼에 모든 재료를 넣고 저속으로 약 1분, 중속으로 약 13분간 100% 상태로 믹싱한다.

TIP 버터의 양이 밀가루 대비 10% 이하로 소량인 경우 다른 재료들과 함께 초반부터 믹싱해도 글루텐 형성에 큰 영향을 끼치지 않는다.

2. 최종 반죽 온도는 약 25℃이다.

TIP 최종 반죽의 상태는 전체적으로 매끄럽고 약간의 윤기가 흐르며, 반죽을 손으로 늘렸을 때 얇고 매끄러운 글루텐 막이 형성된다. 또한 지문이 비칠 정도로 반죽을 늘려도 찢어지지 않아야 이상적인 상태이다.

3. 반죽의 표면이 매끄러워지도록 정리한다.

4. 브레드박스에 넣은 후 발효실(25℃, 75%)에서 2배 정도로 부풀어 오를 때까지 약 30분간 발효시킨다.

5. 반죽이 2배 정도로 부풀어 오르면 밀가루(분량 외)를 뿌리고 가볍게 펀치를 주어 가스를 빼준다.

6. 반죽을 상하좌우로 폴딩한 후 가볍게 눌러 약 30분간 추가 발효시킨다.

7. 핑거 테스트로 발효점을 확인한다.

TIP 밀가루를 묻힌 손가락으로 반죽을 찔렀다 뺐을 때 손가락 자국이 아주 살짝 움츠
러드는 정도가 가장 이상적인 발효점이다.

8. 발효된 반죽을 70g씩 분할한다.

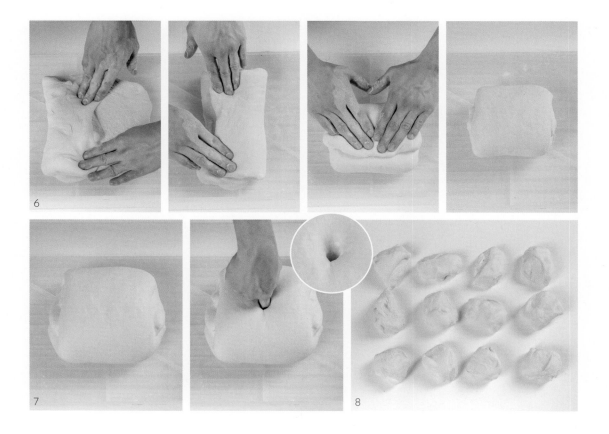

9.   반죽의 표면이 매끄러워지도록 가볍게 둥글리기한다.

TIP   둥글리기 작업 시 너무 힘을 과하게 가하면 반죽 표면이 찢어지거나 거칠어진다.
표면이 매끄럽지 못하면 그만큼 가스 보유력이 떨어져 발효력 또한 떨어진다.

10.   브레드박스에 넣고 반죽이 마르지 않도록 뚜껑을 닫아 실온에서 10분간
벤치타임을 준다.

TIP   여름의 경우 10분, 겨울의 경우 20분을 기준으로 한다.
벤치타임은 보통 실온에서 하지만 실내 온도가 너무 낮다면 발효실이나 따뜻한
공간에서 하는 것이 좋다.

11.   벤치타임을 마친 반죽을 올챙이 모양으로 만든다.

12.   브레드박스에 넣고 반죽이 마르지 않도록 뚜껑을 닫아 실온에서
5~10분간 벤치타임을 준다.

충전물

오셀카 버터(10g) 12조각

◆ 오셀카 버터는 10g으로 분할한 것을 12개 준비한다.

13. 반죽을 밀대로 길게 밀어 편 후 매끄러운 면이 바닥으로 오도록 뒤집는다.

TIP 위쪽부터 밀어편 후 반죽 아랫부분을 잡은 상태에서 밀대를 아래로 내려가며 35cm 정도로 길게 밀어 편다.

14. 준비한 오셀카 버터를 올린다.

15. 오셀카 버터(무염)를 반죽으로 감싸면서 위에서 아래로 탄력 있게 말아준다.

16. 끝부분의 반죽을 잘 붙여준다.

17. 이음매가 아래로 가도록 팬닝한 후 반죽이 2배로 부풀어 오를 때까지 발효실(27℃, 75%)에서 50~60분간 발효시킨다.

18. 발효가 끝나면 분무기로 물을 뿌린다.

토핑

펄솔트　　　　　　　　적당량

19. 펄솔트를 소량씩 올린 후 230℃로 예열된 오븐에 넣고 220℃로 낮춰 스팀을 준 후 3분간 굽고, 다시 200℃로 낮춰 15~17분간 굽는다.

TIP 스팀 기능이 없는 오븐의 경우 오른쪽 페이지를 참고한다.

20. 구워져 나오면 바닥에 흘러나온 버터를 발라준다.

TIP 오븐에서 구워지면서 흘러나온 버터는 수분이 날아간 기버터 상태로, 빵에 바르면 수분을 흡수하는 것을 막아 겉 껍질을 바삭한 상태로 유지해주며 반짝이는 광택을 낼 수 있다.
오븐 팬 바닥에 고인 버터는 유단백이 타면서 검은 점으로 남아 있으므로,
빵 표면에 묻지 않게 주의하며 발라주거나, 버터를 따로 끓여 기버터를 만들어 발라주어도 좋다.

21. 시간이 지나면 더 선명한 크랙을 확인할 수 있다.

TIP 완성된 크랙 소금빵은 건조한 날은 3~5시간, 습한 날은 약 3시간까지 바삭함을 유지한다.
오래 두고 먹을 경우 식히자마자 밀봉해 냉동실에 보관하고, 에어프라이어에서 160℃로 5분 정도 데워 먹으면 갓구운 듯한 소금빵을 맛볼 수 있다.

19

20

21

스팀 기능이 없는 오븐에서
하드 계열 빵 굽기

①   오븐을 230℃로 예열시킨다.

②   바트에 담은 맥반석(우녹스 오븐 기준 약 800g)을 예열된 오븐에 넣고
30분 이상 충분히 뜨겁게 달군다.

TIP   맥반석 양이 충분하지 않으면 물을 부었을 때 충분한 스팀을 만들지 못하고
식어버린다.
맥반석은 달궈지는 데 꽤 오랜 시간이 걸리므로 30분 이상 충분히 달궈주어야
확실한 스팀 효과를 볼 수 있다.

③   팬닝한 반죽을 오븐에 넣고, 뜨거운 물 100g을 달궈진 맥반석에 부은 후
재빠르게 오븐 문을 닫는다.

④   제시된 온도와 시간으로 제품을 굽는다.

CRACKED SALTED BUN WITH POLLOCK ROE

명란 소금빵

짭조름한 명란마요 소스와 고소한 크림치즈 소스 그리고 자칫
느끼할 수 있는 맛을 깔끔하게 잡아주는 대파와 할라피뇨가 조
화로운 메뉴이다.

70g	13개	220°C ········· 3분 200°C ········· 15~17분 170°C ········· 7분

PROCESS

→	믹싱	최종 반죽 온도 25℃
→	1차 발효 및 펀치	25℃/ 75%, 30분 - 폴딩 - 30분
→	분할	70g
→	벤치타임	실온 10분
→	가성형	올챙이 모양
→	벤치타임	실온 5~10분
→	성형	소금빵 모양
→	2차 발효	27℃/ 75%, 50~60분
→	굽기	220℃ 3분, 200℃ 15~17분
→	토핑 후 굽기	170℃, 7분

INGREDIENTS

크림치즈	350g
슈거파우더	35g
홀그레인 머스터드	10g
달걀	20g

....

415g

명란젓	80g
마요네즈	300g
노른자	18g

....

398g

HOW TO MAKE

크림치즈 소스

1. 믹싱볼에 포마드 상태의 크림치즈를 넣고 부드럽게 푼다.

2. 슈거파우더, 홀그레인 머스터드를 넣고 믹싱한다.

3. 달걀을 넣고 골고루 섞어 믹싱한다.

명란마요 소스 (시판 명란 소스 사용 가능)

4. 볼에 모든 재료를 넣고 섞는다.

크랙 소금빵 (106p)	13개

기타

대파	130g
할라피뇨	65g
모차렐라치즈	195g
건조 파슬리 가루	적당량

명란 소금빵

5. 크랙 소금빵 정중앙을 2/3 정도까지 가른다.
6. 크림치즈 소스를 약 30g씩 파이핑한다.
7. 명란마요 소스도 약 30g씩 파이핑한다.
8. 얇게 썬 대파를 약 10g씩 채운다.
9. 슬라이스한 할라피뇨를 약 5g씩 채운다.
10. 모차렐라치즈를 약 15g씩 채운다.
11. 명란마요 소스를 군데군데 파이핑한 후 180℃로 예열된 오븐에 넣고 170℃로 낮춰 약 7분간 굽는다.
12. 건조 파슬리 가루를 뿌려 마무리한다.

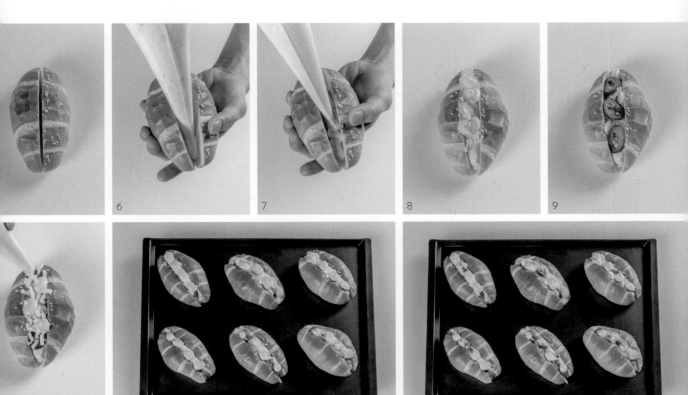

CRACKED SALTED BUN WITH SWEET RED BEANS & BUTTER

팥버터 소금빵

크랙 소금빵처럼 바삭한 빵에 샌딩하면 잘 어울리는 팥과 버터.
짭조름한 소금빵에 달콤한 팥과 부드러운 버터를 넣어 간편하
면서도 맛있게 즐길 수 있는 메뉴이다.

70g	6개	220°C ········ 3분 200°C ········ 15~17분

PROCESS

→	믹싱	최종 반죽 온도 25℃
→	1차 발효 및 펀치	25℃ / 75%, 30분 - 폴딩 - 30분
→	분할	70g
→	벤치타임	실온 10분
→	가성형	올챙이 모양
→	벤치타임	실온 5~10분
→	성형	소금빵 모양
→	2차 발효	27℃ / 75%, 50~60분
→	굽기	220°C 3분, 200°C 15~17분

INGREDIENTS

크랙 소금빵(106p)　　6개

기타
수제 팥앙금(122p)　　360g
발효버터(브리델)　　180g

HOW TO MAKE

팥버터 소금빵

1. 크랙 소금빵을 2/3로 가른다.

TIP 하루가 지난 빵일 경우 살짝 구운 후 식혀 사용한다.

2. 준비한 수제 팥앙금을 60g씩 펴 바른다.

TIP 시판 팥앙금을 사용해도 좋다.

3. 30g으로 잘라둔 발효버터를 올린다.

4. 크랙 소금빵을 닫아 마무리한다.

PART 3

SWEET BUN

단과자빵

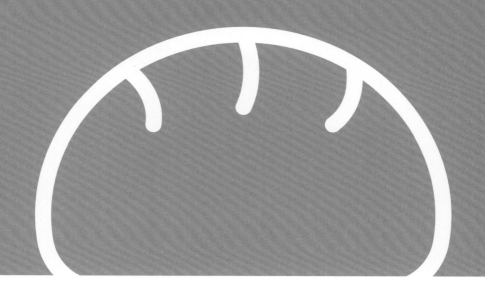

빵을 만들어본 적이 없다면 '단과자빵'이라는 단어가 매우 생소하게 느껴질 것이다. 빵인데 과자라는 이름이 붙어 있기 때문이다. 단과자빵은 설탕과 버터가 과자만큼이나 많이 들어가 붙여진 이름으로 설탕과 버터가 가득 들어가 빵의 내상이 부드럽고 감칠맛이 좋아 남녀노소 누구나 좋아하는 빵이기도 하다. 베이커리에서 가장 흔하게 볼 수 있는 단팥빵, 소보로빵, 모닝빵, 더불어 고로케 같은 튀김류 빵, 소시지빵, 피자빵 등도 바로 이 단과자빵 반죽으로 만들어진 빵들이다. 이 파트에서는 어디서도 쉽게 볼 수 없었던 단과자빵 반죽으로 만드는 여러 가지 베리에이션 메뉴를 담아보았다.

단과자빵 반죽

단과자빵 반죽은 맘모스빵이나 식빵 등의 비교적 큰 크기의 빵에 사용하는 경우를 제외하고는 보통 50~60g으로 분할한 반죽을 사용하는 것이 일반적이다. 물론 고배합 반죽인 만큼 단과자빵 그대로를 먹어도 맛있지만, 보통 개성이 강한 충전물과 함께 만들어지기 때문에 빵과 충전물이 어우러져 가장 맛있고 남김 없이 먹을 수 있는 사이즈인 50~60g으로 표준화되었다. 맛있으면서 크기도 크면 좋겠지만, 먹다보면 질릴 수 있으므로 너무 크게 만드는 것은 추천하지 않는다.

기본적인 단과자빵 배합에 정답은 없지만 보통 밀가루 대비 설탕, 달걀, 버터의 양은 15~25% 안에서 정해진다. 이 세 가지 재료의 비율은 취향껏 조절해도 되지만, 모두 반죽의 되기와 글루텐의 형성에 영향을 미치는 재료이므로 너무 높은 비율로 투입하지 않는 것이 좋다. 설탕이 늘어나면 수분을 줄이고, 버터가 줄어들면 수분을 늘리는 조절을 해가면서 나만의 단과자빵 레시피를 만들어보는 것도 좋은 방법이다.

단과자빵 반죽 – 1배합

강력분	1000g
설탕	250g
소금	16g
이스트	16g
(saf 세미 드라이 이스트 골드)	
달걀	220g
우유	230g
물	230g
버터	150g
	2112g

단과자빵 반죽 – 1/4배합

◆ 홈베이킹용 소량 배합으로, 소수점으로 떨어지는 숫자는 반올림 또는 반내림하였다.

강력분	250g
설탕	63g
소금	4g
이스트	4g
(saf 세미 드라이 이스트 골드)	
달걀	55g
우유	58g
물	58g
버터	38g
	530g

1. 믹싱볼에 버터를 제외한 모든 재료를 넣고 저속으로 약 1분, 중속으로 약 4분간 믹싱한다.

2. 발전 단계가 되면 버터를 넣고 중속으로 약 7~8분간 100% 상태로 믹싱한다.

TIP 발전 단계는 반죽이 최대 탄력을 갖고, 글루텐이 본격적으로 구조를 형성하는 단계이다. 버터의 양이 많은 반죽이므로 발전 단계에서 넣어야 믹싱 시간이 단축된다.

3. 최종 반죽 온도는 25~27℃이다.

TIP 최종 반죽의 상태는 전체적으로 매끄럽고 약간의 윤기가 흐르며, 반죽을 손으로 늘렸을 때 얇고 매끄러운 글루텐 막이 형성된다. 또한 지문이 비칠 정도로 반죽을 늘려도 찢어지지 않아야 이상적인 상태이다.

4. 반죽의 표면이 매끄러워지도록 정리한다.

5. 브레드박스에 넣은 후 발효실(27℃, 75%)에서 3배 정도로 부풀어 오를 때까지 약 60분간 발효시킨다.

6. 핑거 테스트로 발효점을 확인한다.

TIP 밀가루를 묻힌 손가락으로 반죽을 찔렀다 뺐을 때 손가락 자국이 아주 살짝 움츠러드는 정도가 가장 이상적인 발효점이다.

7. 발효된 반죽을 분할한다.

TIP 만드는 빵에 따라 50g, 60g, 150g으로 분할해 사용한다.

8. 반죽의 표면이 매끄러워지도록 가볍게 둥글리기한다.

9. 브레드박스에 넣고 반죽이 마르지 않도록 뚜껑을 닫아 실온에서 10분간 벤치타임을 주고, 각 제품에 맞춰 다음 과정을 진행한다.

TIP 여름의 경우 10분, 겨울의 경우 20분을 기준으로 한다. 벤치타임은 보통 실온에서 하지만 실내 온도가 너무 낮다면 발효실이나 따뜻한 공간에서 하는 것이 좋다.

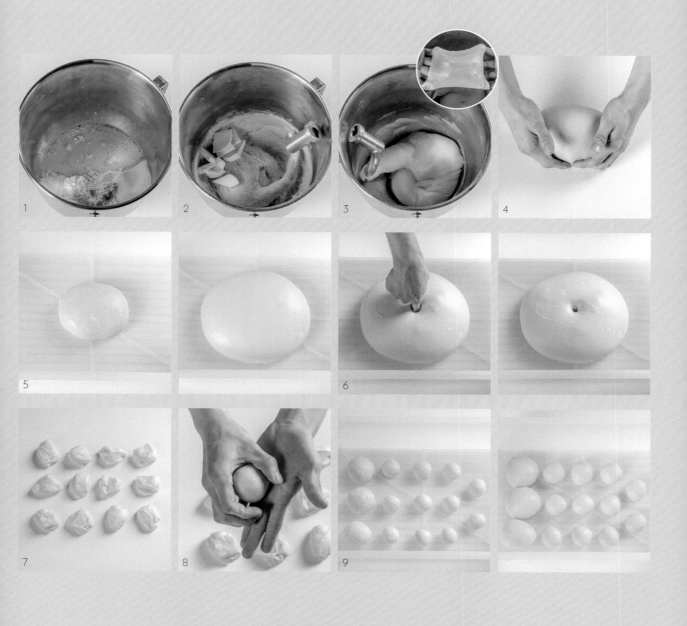

POINT

- 단과자빵 반죽을 앞서 소개한 방법처럼 스트레이트 제법으로 만드는 경우 반죽이 3~3.5배로 부풀어 오르도록 약 60분 간 발효시킨다. 냉장이나 냉동에서 생지로 사용하는 경우에는 2~2.5배로 부풀어 오르도록 약 40분간 발효시킨 후 바로 분할한다. 분할한 생지는 냉장고나 냉동고에 보관해 사용한다.

- 냉장 생지의 경우 밀봉해 냉장고에 두고 1~2일 동안 사용할 수 있다. 여름철이나 실내 온도가 높아 반죽의 발효가 빠르 게 일어난다면 냉동실에 1시간 정도 두고 이스트의 활동을 정지시켜준 다음 다시 냉장고로 옮겨 필요할 때마다 꺼내 사 용한다.

- 냉동 생지의 경우 생이스트를 사용한 반죽은 4일 동안, 냉동 이스트를 사용한 반죽은 2주 동안 사용할 수 있다. 사용할 때는 작업하기 전날 냉장고로 옮겨 해동시켜 사용하는 것이 좋다. 실온이나 발효실에서 해동하는 경우 이스트가 급격한 온도 변화로 인해 사멸해버려 반죽의 풍미가 좋지 않고 발효력 또한 떨어질 수 있으니 주의한다.

12.

SWEET RED BEAN BUN
단팥빵

기성 팥앙금이 아닌 직접 끓여 만든 수제 팥앙금을 사용해 더 맛
있게 만들었다. 만드는 과정이 번거롭게 느껴진다면만 시판 팥
앙금을 사용해도 되지만 수제 팥앙금만이 내는 고유의 맛과 팥
의 향을 따라갈 수는 없으니 시간적 여유를 두고 한번 만들어보
는 것을 추천한다.

50g

6개

165℃

12분

PROCESS

→	믹싱	최종 반죽 온도 25~27℃
→	1차 발효	27℃/ 75%, 60분
→	분할	50g
→	벤치타임	실온 10분
→	성형	원형
→	2차 발효	32℃/ 75%, 30분
→	굽기	165℃, 12분

INGREDIENTS

팥(적두)	500g
물	1500g
소금	5g
설탕	200g
물엿	50g
꿀	50g

◆ 최종적으로 1300~1400g의
  팥앙금이 만들어진다.

HOW TO MAKE

수제 팥앙금 (시판 팥앙금 사용 가능)

1. 팥은 깨끗하게 씻어 깨진 부분, 썩은 부분, 이물질을 걸러낸다.

TIP 돌이 섞여 있을 수 있으므로 조리질을 하여 이물질을 잘 골라내야 한다.

2. 10시간 이상 물(분량 외)에 불린다.

TIP 팥은 충분하게 불린 후 끓여야 부드럽고 맛이 좋다. 작업하기 전날 물에 담가
냉장고에 두고 다음날 사용하는 것이 좋다.

3. 불린 팥이 충분히 잠기도록 물(분량 외)을 넉넉하게 담고 바글바글 끓인다.

TIP 팥의 쓴맛과 배탈이 날 수 있는 성분들을 제거해주는 과정이므로 물은 넉넉한
정도로 넣어주면 된다.

4. 체에 거른다.

5. 새 물 1500g을 넣고 다시 끓인다.

6. 팥이 부드럽게 으깨지는 상태가 되었는지 확인한 후 소금, 설탕, 물엿,
꿀을 넣고 끓인다.

TIP 팥이 충분히 푹 익었을 때 당분을 넣는다. 팥이 충분히 익지 않은 상태에서 당분을
넣으면 팥이 잘 익지 않으며 딱딱한 상태의 팥앙금으로 완성된다.

7. 고추장 정도의 걸쭉한 농도가 되면 불에서 내린다.

깨진 팥

기타

구운 호두반태   수제 팥앙금의
10% 분량

8. 넓은 바트에 담고 표면을 밀착 랩핑해 실온에서 식힌 후 냉장고로 옮겨
차갑게 식힌다.

9. 8의 팥앙금과 이 팥앙금의 10% 분량의 구운 호두반태를 준비해 섞는다.

TIP 호두 전처리와 굽는 방법은 76p를 참고한다.

───────────────────────   **단팥빵**

단과자빵 반죽(118p)   300g

10. 벤치타임이 끝난 '단과자빵 반죽'을 준비한다.

TIP 여기에서는 50g으로 분할한 반죽 6개를 사용했다.

11. 반죽에 덧가루(강력분)를 묻힌 후 가볍게 쳐 평평하게 만든다.

12. 팥앙금을 100g씩 올리고 헤라를 이용해 반죽을 돌려가며 팥앙금을 넣어준다.

TIP 헤라를 사용해 앙금을 넣는 것이 어렵다면 앙금을 분할해 동그랗게 만들고, 밀대로 반죽을 동그랗게 밀어 앙금을 감싸주면 된다.
수제 팥앙금에 구운 호두 분태를 넣지 않고 이 과정에서 밤 조림(244p)을 한 알씩 넣어주면 밤단팥빵으로 만들 수 있다.

13. 반죽을 감싸 동그랗게 성형한다.

단팥빵 성형 영상으로 배우기

기타

달걀물   적당량

토핑

검은깨   적당량

14. 반죽의 이음매가 아래로 가도록 팬닝한다.

15. 반죽 표면에 달걀물을 바른다.

16. 반죽 중앙에 검은깨를 찍는다.

17. 발효실(32℃, 75%)에 30분간 두고 발효시킨다.

18. 180℃로 예열된 오븐에 넣고 165℃로 낮춰 약 12분간 구운 후 달걀물을 한 번 더 발라 윤기를 낸다.

TIP 단과자빵처럼 작은 빵들은 높은 온도에서 짧게 구워야 촉촉함을 살릴 수 있다.

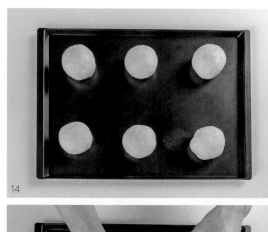

13.

SOBORO BUN

소보로빵

일본에서 소보로빵으로, 우리나라에서는 얼굴에 난 흉터를 닮아 곰보빵으로 부르는 빵이다. 소보로빵은 일본에서 독일의 스트로이젤을 보고 응용해 처음 만든 것인데, 우리나라처럼 대중화되지는 않았다. 여기에서는 소보로에 땅콩버터를 사용해 달콤하면서도 고소한 맛을 더했고, 가벼우면서도 부서지는 식감을 주어 단과자빵과 잘 어울리게 만들었다.

50g

6개

200℃

10분

PROCESS

→	믹싱	최종 반죽 온도 25~27℃
→	1차 발효	27℃ / 75%, 60분
→	분할	50g
→	벤치타임	실온 10분
→	성형	원형
→	2차 발효	32℃ / 75%, 50~60분
→	굽기	200℃, 10분

INGREDIENTS

버터	100g
땅콩버터	20g
설탕	120g
물엿	10g
달걀	22g
박력분	200g
아몬드가루	20g
베이킹파우더	3g
베이킹소다	2g
아몬드슬라이스	20g

....

517g

HOW TO MAKE

소보로

1. 믹싱볼에 포마드 상태의 버터, 땅콩버터를 넣고 부드럽게 푼다.
2. 설탕, 물엿을 넣고 약 2~3분간 중속으로 색이 약간 밝아지는 뽀얀 상태로 휘핑한다.
3. 달걀을 두세 번 나눠 넣어가며 80%까지 휘핑한다.
4. 체 친 박력분, 아몬드가루, 베이킹파우더, 베이킹소다와 함께 작업대로 옮긴다.

TIP 볼 안에서 둥근 스크래퍼를 이용해 섞어도 좋다.

5. 스크래퍼를 이용해 자르듯 섞는다.
6. 어느 정도 섞이면 손으로 비벼가며 가볍게 섞는다.
7. 아몬드슬라이스를 넣고 섞는다.
8. 사용하기 직전 손으로 비벼가며 소보로 상태로 만든다.

TIP 바로 사용하지 않을 경우 80% 정도까지만 섞은 후 밀봉해 냉장 보관하고 사용하기 직전에 100%로 섞는다.

소보로빵

단과자빵 반죽(118p)	300g

기타

달걀물	적당량

9. 벤치타임이 끝난 '단과자빵 반죽'을 준비한다.

TIP 여기에서는 50g으로 분할한 반죽 6개를 사용했다.

10. 반죽을 탄력 있게 둥글리기해 동그랗게 만든다.

11. 반죽 표면에 달걀물을 바른다.

TIP 반죽 옆면까지 꼼꼼하게 발라야 소보로가 골고루 묻는다.

12. 준비한 소보로에 달걀물이 묻은 반죽 면이 닿도록 한 후 달걀물이 묻지 않은 면에도 소보로를 15~20g 정도 올리고 힘껏 눌러준다.

TIP 달걀물이 묻지 않은 반죽 면에도 소보로를 올리고 누르는 이유는 소보로로 인해 반죽이 손에 묻지 않도록 덧가루 대신 사용해 결과적으로 소보로를 더 많이 묻혀 더 맛있게 완성하기 위해서이다.

13. 소보로가 묻은 반죽을 들어올려 볼록하게 모양을 잡아준다.

소보로 과정과 성형
영상으로 배우기

14. 소보로가 많이 묻은 면(달걀물을 바르고 묻힌 부분)이 위로 오도록 팬닝한다.

15. 발효실(32℃, 75%)에 50~60분간 두어 반죽이 2배 정도 부풀어 오르도록 발효시킨다.

16. 220℃로 예열된 오븐에 넣고 200℃로 낮춰 약 10분간 구운 후 식힘망에서 식힌다.

TIP 단과자빵처럼 작은 빵들은 높은 온도에서 짧게 구워야 촉촉함을 살릴 수 있다.

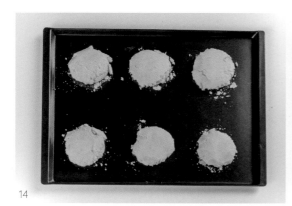
14

15

16

CUSTARD CREAM BUN

커스터드 크림빵

영어로는 커스터드 크림, 불어로는 크렘 파티시에르로 불리는 달콤한 크림을 사용한 기본 단과자빵이다. 묵직한 듯 부드러우며 바닐라빈의 달콤한 향이 특징인 커스터드 크림은 제과에서는 물론 단과자빵과도 궁합이 참 좋은 크림이다. 여기에서는 반죽을 타원형으로 성형한 후 가운데에 한 줄 파이핑해 만들었지만 취향에 따라 동그란 모양으로 만들거나 타원형으로 밀어 펴 반으로 접어 만들 수도 있다.

| 50g | 8개 | 170℃ | 10분 |

PROCESS

→	믹싱	최종 반죽 온도 25~27℃
→	1차 발효	27℃/ 75%, 60분
→	분할	50g
→	벤치타임	실온 10분
→	성형	타원형
→	2차 발효	32℃/ 75%, 50분
→	굽기	170℃, 10분

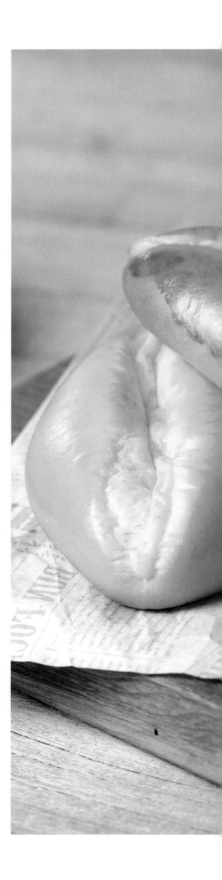

INGREDIENTS

우유	500g
바닐라빈	1개
노른자	108g
설탕	110g
박력분	50g
옥수수전분	15g
버터	25g
....	
	808g

◆ 최종적으로 550~600g의
커스터드 크림이 만들어진다.

HOW TO MAKE

커스터드 크림

1. 냄비에 우유, 바닐라빈을 넣고 가열한다.

TIP 바닐라빈은 반을 갈라 씨를 긁어낸 후 껍질과 함께 사용한다.

2. 볼에 노른자와 설탕을 넣고 가볍게 푼다.

3. 2에 체 친 박력분, 옥수수전분을 넣고 뽀얗게 섞는다.

4. 1이 80℃가 되면 3에 나눠 넣어가며 고르게 섞는다.

5. 체에 거른다.

TIP 바닐라빈의 섬유질이나 달걀의 알끈 등을 제거해 더욱 부드러운 크림으로 만든다.

6. 다시 냄비로 옮겨 계속 저어가며 중불에서 걸쭉한 상태가 될 때까지
끓인다.

7. 처음에는 완전히 걸쭉해졌다가 묽어진 후 다시 걸쭉
해졌다가 매끄럽게 풀어지면 불을 끄고 버터를 넣어 녹을 때까지 섞는다.

8. 넓은 바트에 담고 밀착 랩핑해 실온에서 식힌 후 냉동실에 옮겨 30분간
식혀 사용한다.

TIP 커스터드 크림은 달걀과 우유가 많이 들어가므로 상하기 쉽다. 미생물이 활발하게
번식하는 온도 이하로 빠르게 낮춰야 잘 상하지 않으므로 빠르게 식히는 것이 중요하다.

커스터드 크림빵

단과자빵 반죽(118p)　400g

9. 벤치타임이 끝난 '단과자빵 반죽'을 준비한다.

TIP 여기에서는 50g으로 분할한 반죽 8개를 사용했다.

10. 반죽을 타원형으로 밀어 편 후 매끄러운 면이 바닥에 오도록 뒤집는다.

11. 커스터드 크림을 주걱으로 가볍게 푼 후 짤주머니에 담는다.

12. 반죽 위에 커스터드 크림을 70g씩 파이핑한다.

13. 반죽을 감싸고 이음매를 고정시켜가며 타원형으로 성형한다.

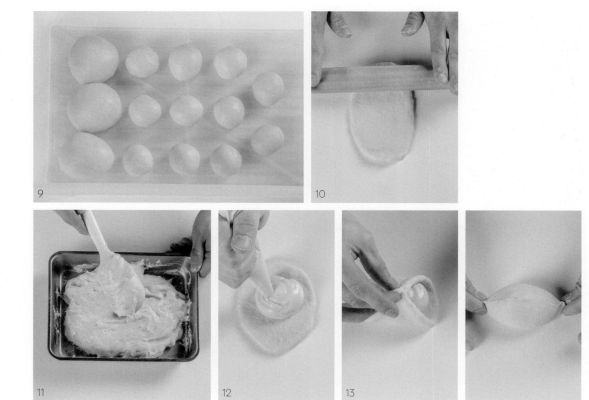

기타

달걀물	적당량

14. 반죽의 이음매가 아래로 가도록 팬닝한다

15. 발효실(32℃, 75%)에 50분간 두어 반죽이 2배 정도 부풀어 오르도록 발효시킨다.

16. 반죽 표면에 달걀물을 바른다.

17. 커스터드 크림을 약 5mm 두께로 한 줄 파이핑한다.

18. 180℃로 예열된 오븐에 넣고 170℃로 낮춰 약 10분간 구운 후 달걀물을 한 번 더 발라 윤기를 낸다.

TIP 단과자빵처럼 작은 빵들은 높은 온도에서 짧게 구워야 촉촉함을 살릴 수 있다.

CHIVE BUN

부추빵

부추와 달걀, 햄까지 가득 넣어 한끼 식사로도 손색 없는 조리빵
이다. 입안 가득 향긋하게 퍼지는 부추의 향이 매력적이다. 우유
보다는 오렌지주스나 아메리카노와 더 잘 어울린다.

| 50g | 6개 | 170℃ | 10분 |

PROCESS

→	믹싱	최종 반죽 온도 25~27℃
→	1차 발효	27℃/ 75%, 60분
→	분할	50g
→	벤치타임	실온 10분
→	성형	타원형
→	2차 발효	32℃/ 75%, 50분
→	굽기	170℃, 10분

INGREDIENTS

부추	80g
삶은 달걀	180g
햄	45g
소금	적당량
후추	적당량
마요네즈	67g

....

372g

HOW TO MAKE

부추 소

1. 부추는 깨끗이 씻어 물기를 제거한 후 1~1.5cm 길이로 썬다.

2. 삶은 달걀은 체에 내리거나 손으로 잘게 부수고, 햄은 사방 0.5cm로 썬다.

3. 준비한 1, 2를 볼에 담아 소금, 후추, 마요네즈와 함께 버무린다.

TIP 부추 소는 버무린 후 바로 사용해도 되지만, 냉장고에 20~30분간 둔 후 사용하면 더 맛있다. 만약 반나절 이상 보관한다면 물기가 많이 생길 수 있으므로 미리 버무리지 않고 따로 보관해 사용하기 직전에 버무린다.

부추빵

단과자빵 반죽(118p)   300g

4. 벤치타임이 끝난 '단과자빵 반죽'을 준비한다.

TIP 여기에서는 50g으로 분할한 반죽 6개를 사용했다.

5. 반죽에 덧가루(강력분)를 묻힌 후 가볍게 쳐 평평하게 만든다.

6. 부추 소를 60g씩 올리고 헤라를 이용해 반죽을 돌려가며 부추 소를 넣어준다.

7. 반죽을 감싸 타원형으로 성형한다.

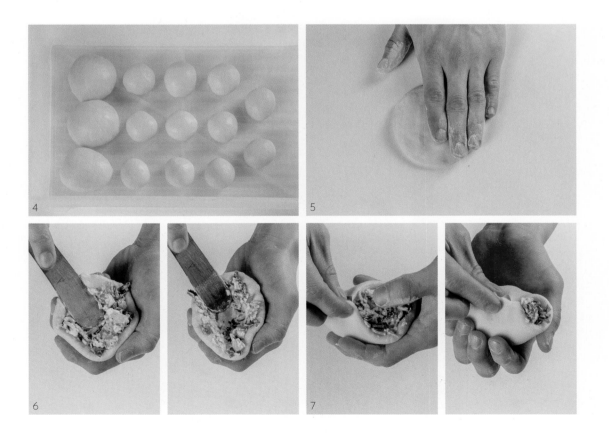

기타

달걀물	적당량
참깨	적당량

8. 반죽의 이음매가 아래로 가도록 팬닝한 후 가위로 세 번 칼집을 낸다.

TIP 칼집을 내는 이유는 오븐 속에서 속재료의 잔여 수분을 잘 배출하게 하기 위해서이다.

9. 반죽 표면에 달걀물을 바른다.

10. 참깨를 뿌린다.

11. 발효실(32℃, 75%)에 50분간 두어 반죽이 2배 정도 부풀어 오르도록 발효시킨다.

12. 180℃로 예열된 오븐에 넣고 170℃로 낮춰 약 10분간 구운 후 식힘망에서 식힌다.

TIP 단과자빵처럼 작은 빵들은 높은 온도에서 짧게 구워야 촉촉함을 살릴 수 있다.

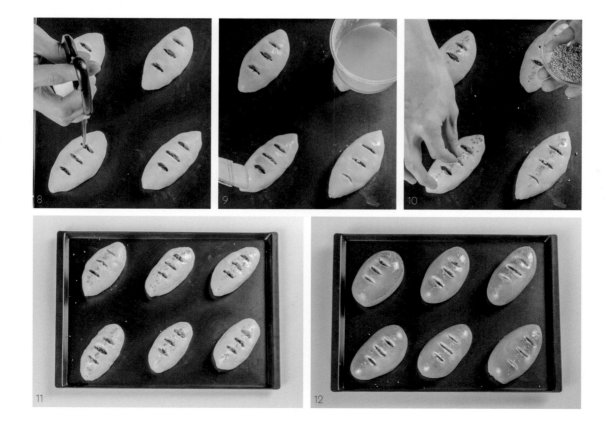

16.

MELON BUN

멜론빵

빵 위에 올리는 토핑 반죽에 격자 무늬를 낸 것이 멜론을 연상시켜 이름 지어진 빵이다. 충전하는 크림은 멜론 맛으로 만드는 곳도, 그렇지 않은 곳도 있는데 여기에서는 멜론 레진을 사용해 맛도 모양도 여름의 향긋한 멜론이 떠오르게 만들었다.

50g

7개

160°C

14~15분

PROCESS

→	믹싱	최종 반죽 온도 25~27°C
→	1차 발효	27°C/ 75%, 60분
→	분할	50g
→	벤치타임	실온 10분
→	성형	원형
→	2차 발효	32°C/ 75%, 30~40분
→	굽기	160°C, 14~15분

INGREDIENTS

박력분	260g
슈거파우더	100g
버터	70g
달걀	55g
멜론 레진	40g

....

525g

HOW TO MAKE

멜론빵 토핑

1. 볼에 체 친 박력분과 슈거파우더, 차가운 상태의 버터를 넣고 버터가 보이지 않을 때까지 비터를 이용해 사블라주한다.

2. 달걀, 멜론 레진을 넣고 날가루가 보이지 않을 때까지 섞는다.

3. 비닐 사이에 반죽을 넣고 4mm 두께로 얇게 밀어 편다.

4. 냉장고에서 30분 이상 휴지시킨 후 사용한다.

단과자빵 반죽(118p)	350g

멜론빵

5. 벤치타임이 끝난 '단과자빵 반죽'을 준비한다.

TIP 여기에서는 50g으로 분할한 반죽 7개를 사용했다.

기타

물	적당량
설탕	적당량

6. 반죽을 탄력 있게 둥글리기해 동그랗게 만든다.

7. 팬닝한 후 발효실(32℃, 75%)에 30~40분간 두어 반죽이 1.5배 정도 부풀어 오르도록 발효시킨다.

8. 준비한 멜론빵 토핑을 지름 12cm 무스 링으로 자른다.

9. 멜론빵 토핑 한쪽 면에 물을 살짝 뿌린다.

10. 물을 뿌린 면에 설탕을 묻힌다.

11. 스크래퍼를 이용해 무늬를 만든다.

12. 발효를 마친 반죽에 물을 뿌린다.

13. 멜론빵 토핑을 올린다.

TIP 멜론빵 토핑을 올린 후 바로 굽는다. 그렇지 않으면 반죽의 발효가 진행되면서
올려둔 토핑이 한 쪽으로 쏠리거나 갈라질 수 있다.

14. 170℃로 예열된 오븐에 넣고 160℃로 낮춰 약 14~15분간 구운 후 식힘망
에서 식힌다.

TIP 멜론빵 토핑이 구움색이 나면 예쁘지 않으므로 색이 나지 않게 낮은 온도에서
굽는다. 낮은 온도에서 구워도 올려둔 멜론빵 토핑으로 인해 반죽이 마르지 않아
촉촉하게 구워진다.

생크림	430g
마스카르포네 크림치즈	86g
설탕	43g
멜론 레진	20g
....	
	579g

멜론 크림

15. 볼에 모든 재료를 넣고 믹싱한다.

16. 단단한 상태(100%)로 휘핑되면 마무리한다.

17. 식힌 멜론빵 바닥 부분에 칼집을 낸다.

18. 준비한 멜론 크림을 70~80g씩 채운다.

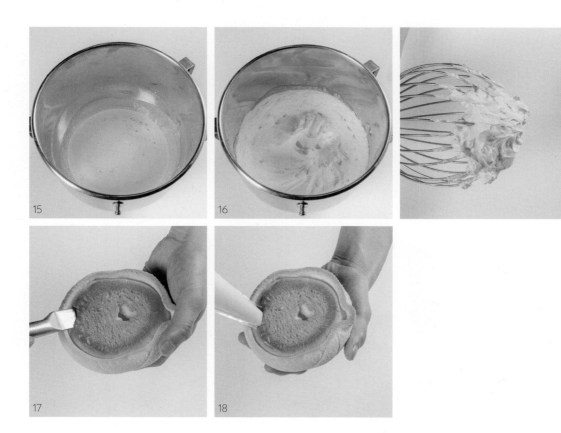

PART 4.

CROQUETTE

고로케

고로케는 프랑스의 크로케트Croquette에서 유래된 음식으로, 일본에서 이 크로케트를 감자를 사용해 만든 것이 지금의 고로케로 굳어지게 되었다. 이 파트에서는 감자와 달걀, 야채를 버무린 소를 넣어 만드는 기본적인 고로케부터 직접 끓인 카레로 만드는 고로케, 햄과 치즈 그리고 생야채를 넣어 식감까지 생각한 이탈리안 고로케, 맛있는 소시지 위에 샐러드를 듬뿍 넣고 소스를 뿌려 먹는 샐러드 고로케를 소개한다. (반죽은 118p 단과자빵 반죽과 동일하다.) 취향에 따라 좋아하는 재료를 가득 넣어 갓 튀겨낸 맛있는 고로케를 집에서도 즐겨보자.

17

VEGETABLE CROQUETTE

야채 고로케

바삭하게 튀겨진 빵 속에 다양한 충전물이 가득 담긴 고로케. 첫 번째로 소개하는 메뉴는 가장 기본이 되는 감자를 베이스로 만든 야채 고로케다. 취향에 따라 좋아하는 야채를 감자와 함께 듬뿍 넣어 만들어도 좋다.

50g

5개

170℃

4분

PROCESS

→	믹싱	최종 반죽 온도 25~27℃
→	1차 발효	27℃/ 75%, 60분
→	분할	50g
→	벤치타임	실온 10분
→	성형	원형
→	2차 발효	32℃/ 70%, 30분
→	튀기기	170℃, 4분

INGREDIENTS

감자	130g
삶은 달걀	150g(약 3개)
당근	20g
햄	40g
양파	50g
식용유	적당량
통조림 옥수수	40g
마요네즈	60g
소금	적당량
후추	적당량

....

490g

◆ 최종적으로 410~420g의
야채 소가 만들어진다.

HOW TO MAKE

야채 소

1. 감자는 찜기나 전자레인지에서 익힌 후 체에 내려 식힌다.

2. 삶은 달걀은 체에 내려 식힌다.

3. 당근과 햄은 두께 0.3cm 정도로 작게 썰어주고, 양파는 0.5cm 두께로 채 썬다.

4. 식용유를 두른 팬에 당근, 양파를 살짝 볶는다.

5. 양파가 반투명한 상태로 익기 시작하면 물기를 제거한 통조림 옥수수, 햄을 넣고 살짝 볶은 후 식힌다.

TIP 통조림 옥수수는 한번 볶아주면 잘 상하지 않으며, 더 고소해진다.

6. 볼에 옮겨 식힌다.

7. 체에 내린 감자와 달걀, 마요네즈, 소금, 후추와 함께 고르게 섞는다.

야채 고로케

단과자빵 반죽(118p)   250g

8. 벤치타임이 끝난 '단과자빵 반죽'을 준비한다.

TIP 여기에서는 50g으로 분할한 반죽 5개를 사용했다.

9. 반죽에 덧가루(강력분)를 묻힌 후 가볍게 쳐 평평하게 만든다.

10. 야채 소를 80g씩 올리고 헤라를 이용해 반죽을 돌려가며 야채 소를 넣어준다.

11. 반죽을 감싸 동그랗게 성형한다.

기타

빵가루	적당량
식용유	적당량

12. 반죽에 물을 묻힌다.

13. 물이 묻은 반죽에 빵가루를 골고루 묻힌다.

TIP 여기에서는 습식 빵가루를 사용했지만 건식 빵가루를 사용해도 된다.

14. 반죽의 이음매가 아래로 가도록 팬닝한다.

15. 발효실(32℃, 70%)에 30분간 두어 반죽이 1.5배 정도 부풀어 오르도록 발효시킨다.

TIP 튀기는 반죽은 2차 발효 후 손으로 옮겨야 하므로 발효 시간이 길지 않다. 과발효된 경우 쇼크를 주어 애써 발효한 반죽이 찌그러지거나 주저앉아 울퉁불퉁한 모양으로 완성될 수 있으니 주의한다.

16. 170℃로 예열된 식용유에 넣고 앞뒤로 2분씩 튀긴다.

TIP 기름에 튀기기 전 반죽의 표면이 잘 말랐는지 반드시 확인한다. 반죽 표면에 수분이 많으면 손에도 잘 달라붙고, 기름과 닿으면서 표면이 울퉁불퉁해진다.

17. 다 튀겨진 고로케는 식힘망 위에서 식힌다.

BEEF CURRY CROQUETTE
소고기 카레 고로케

직접 끓여 만든 카레를 듬뿍 넣어 만든 고로케이다. 양파를 오래 볶을수록 완성된 카레 소의 감칠맛과 풍미가 깊어지니 시간적인 여유를 두고 만들어보자.

| 50g | 8개 | 170℃ | 4분 |

PROCESS

→	믹싱	최종 반죽 온도 25~27℃
→	1차 발효	27℃/ 75%, 60분
→	분할	50g
→	벤치타임	실온 10분
→	성형	원형
→	2차 발효	32℃/ 70%, 30~35분
→	튀기기	170℃, 4분

INGREDIENTS

양파	390g
당근	130g
소고기	65g
감자	65g
다진 마늘	10g
물	550ml
고체 카레	72g
(S&B 골든자바커리)	
버터	25g

....

1307g

◆ 최종적으로 650~700g의
 카레 소가 만들어진다.

HOW TO MAKE

카레 소

1. 양파는 큼직하게, 당근은 작게 채를 썰고, 소고기는 핏물을 제거한 후 잘게 썬다. 감자는 사방 1cm로 썬 후 찬물에 담가 갈변되는 것을 방지하고, 사용할 때는 체에 걸러 물기를 제거한다.

2. 팬에 버터(분량 외)를 넣고 녹인 후 채 썬 양파를 넣고 갈색이 될 때까지 20~30분간 충분히 볶는다.

TIP 오래 볶을수록 양파의 당분이 캐러멜화되면서 감칠맛이 높아진다. 일본식 카레빵 전문점들은 보통 1시간 이상 양파를 볶아 사용하므로 시간적 여유를 두고 도전해보는 것을 추천한다.

3. 채 썬 감자와 쇠고기를 넣고 볶는다.

4. 채 썬 당근을 넣고 볶는다.

5. 다진 마늘을 넣고 볶는다.

6. 물을 넣고 모든 재료가 익을 때까지 강불로 끓인다.

7. 주걱으로 감자를 눌렀을 때 완전히 으깨지는 정도가 되면 고체 카레를 넣고 중약불로 줄여 걸쭉한 상태가 될 때까지 뭉근하게 끓인다.

TIP 취향에 따라 굴소스를 한 큰술 정도 넣어주면 더 깊은 맛을 낼 수 있다.

8. 불을 끈 후 버터를 넣고 녹을 때까지 섞는다.

9. 완성된 카레 소는 넓은 바트에 옮겨 표면에 밀착 랩핑한 후 냉장고에서 충분히 식힌다.

소고기 카레 고로케

단과자빵 반죽(118p)   400g

10. 벤치타임이 끝난 '단과자빵 반죽'을 준비한다.

TIP 여기에서는 50g으로 분할한 반죽 8개를 사용했다.

11. 덧가루(강력분)를 묻혀 반죽을 타원형으로 밀어 편 후 매끈한 면이 바닥에 오도록 뒤집는다.

12. 카레 소를 80g씩 파이핑한다.

기타

빵가루　　　　　적당량

식용유　　　　　적당량

건조 파슬리 가루　적당량

13. 반죽을 감싸 타원형으로 성형한다.

14. 반죽에 물을 묻힌다.

15. 물이 묻은 반죽에 빵가루를 골고루 묻힌다.

TIP 여기에서는 습식 빵가루를 사용했지만 건식 빵가루를 사용해도 된다.

16. 반죽의 이음매가 아래로 가도록 팬닝한다.

17. 발효실(32℃, 70%)에 30~35분간 두어 반죽이 1.5배 정도
부풀어 오르도록 발효시킨다.

TIP 튀기는 반죽은 2차 발효 후 손으로 옮겨야 하므로 발효 시간이 길지 않다.
과발효된 경우 쇼크를 주어 애써 발효한 반죽이 찌그러지거나 주저앉아
울퉁불퉁한 모양으로 완성될 수 있으니 주의한다.

18. 170℃로 예열된 식용유에 넣고 앞뒤로 2분씩 튀긴 후 식힘망 위에서
식힌다. 취향에 따라 건조 파슬리 가루를 뿌려 마무리한다.

TIP 기름에 튀기기 전 반죽의 표면이 잘 말랐는지 반드시 확인한다. 반죽 표면에
수분이 많으면 손에도 잘 달라붙고, 기름과 닿으면서 표면이 울퉁불퉁해진다.

16

17

18

19

ITALIAN CROQUETTE
이탈리안 고로케

반죽을 50g으로 분할해 만드는 작은 고로케와 다르게 150g으로 분할해 속을 풍성하게 채운 고로케이다. 지금과 달리 예전에는 동네 빵집에서 쉽게 만나볼 수 있었던 메뉴이다. 야채, 게살, 피자치즈 등 좋아하는 재료를 듬뿍 넣어 만들어보자.

| 150g | 6개 | 160℃ | 6~8분 |

PROCESS

→	믹싱	최종 반죽 온도 25~27℃
→	1차 발효	27℃ / 75%, 60분
→	분할	150g
→	벤치타임	실온 10분
→	성형	원형
→	2차 발효	32℃ / 70%, 30분
→	튀기기	160℃, 6~8분

INGREDIENTS

야채 소(154p)	600g
피자치즈 (모차렐라 슈레드)	130g
크래미 게살	130g
양파	240g
피망	60g
피클	60g
....	
	1220g

단과자빵 반죽(118p)	900g

HOW TO MAKE

이탈리안 소

1. 볼에 모든 재료를 넣고 고르게 섞는다.

TIP 크래미 게살은 결을 따라 찢고, 양파와 피망과 당근은 사방 1cm 크기로 썰어 사용한다.
야채는 크게 썰수록 씹는 맛이 좋지만 반죽을 감쌀 때 찢어질 수 있으므로 주의한다.

이탈리안 고로케

2. 벤치타임이 끝난 '단과자빵 반죽'을 준비한다.

TIP 여기에서는 150g으로 분할한 반죽 6개를 사용했다.

3. 덧가루(강력분)를 묻혀 반죽을 타원형으로 밀어 편 후 매끈한 면이 바닥에 오도록 뒤집는다.

4. 햄을 2장 올린다.

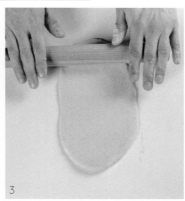

충전물

햄(슬라이스)	12장
체다치즈(슬라이스)	12장

5. 체다치즈를 2장 올린다.

6. 준비한 이탈리안 소를 200g씩 올린다.

7. 반죽의 위아래를 잡아당겨 감싸기 좋게 만든다.

8. 먼저 반죽 중간중간을 붙여준다.

9. 벌어지는 틈이 없도록 꼼꼼하게 잘 붙여준다.

TIP 반죽이 잘 붙지 않는 경우에는 물을 살짝 바르고 붙여준다.

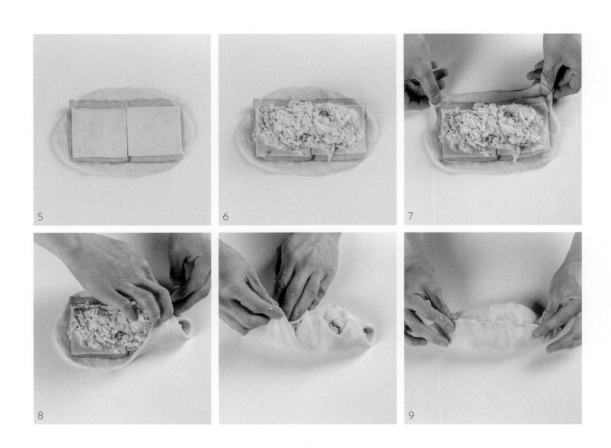

기타

빵가루　　　　　　적당량

식용유　　　　　　적당량

10. 반죽에 물을 묻힌다.

11. 빵가루를 묻힌다.

TIP 여기에서는 습식 빵가루를 사용했지만 건식 빵가루를 사용해도 된다.

12. 반죽의 이음매가 아래로 가도록 팬닝한다.

13. 발효실(32℃, 70%)에 30분간 두어 반죽이 1.5배 정도 부풀어 오르도록
발효시킨다.

TIP 튀기는 반죽은 2차 발효 후 손으로 옮겨야 하므로 발효 시간이 길지 않다.
과발효된 경우 쇼크를 주어 애써 발효한 반죽이 찌그러지거나 주저앉아
울퉁불퉁한 모양으로 완성될 수 있으니 주의한다.

14. 160℃로 예열된 식용유에 넣고 앞뒤로 3~4분씩 튀긴 후 식힘망 위에서
식힌다. 완성된 고로케는 한 김 식힌 후 반으로 자른다.

TIP 기름에 튀기기 전 반죽의 표면이 잘 말랐는지 반드시 확인한다. 반죽 표면에
수분이 많으면 손에도 잘 달라붙고, 기름과 닿으면서 표면이 울퉁불퉁해진다.

20

SALAD CROQUETTE

샐러드 고로케

바삭하게 튀겨낸 고로케 빵을 갈라 소시지와 샐러드를 듬뿍 담은, 남녀노소 누구나 좋아하는 메뉴다. 취향에 따라 샐러드에 건과일이나 찐감자, 삶은 달걀 등을 추가해도 좋다.

60g

6개

170℃

4분

PROCESS

→ 믹싱	최종 반죽 온도 25~27℃
→ 1차 발효	27℃/ 75%, 60분
→ 분할	60g
→ 벤치타임	실온 10분
→ 성형	타원형
→ 2차 발효	32℃/ 70%, 30분
→ 튀기기	170℃, 4분

INGREDIENTS

양배추	150g
당근	20g
통조림 옥수수	30g
마요네즈	100g
설탕	15g
식초	10g
소금	2g
	327g

단과자빵 반죽(118p)　360g

HOW TO MAKE

샐러드 소

1. 볼에 모든 재료를 넣고 골고루 버무린다.

TIP 양배추는 깨끗이 씻고 채를 썰어 찬물에 담가 아삭한 식감을 살리고, 사용하기
직전에 체에 받쳐 물기를 제거한다. 당근은 얇게 채를 썰어 사용한다.
샐러드 소는 미리 만들어두면 물기가 생기므로 사용하기 직전에 만든다.

샐러드 고로케

2. 벤치타임이 끝난 '단과자빵 반죽'을 준비한다.

TIP 여기에서는 60g으로 분할한 반죽 6개를 사용했다.

3. 덧가루(강력분)를 묻혀 반죽을 타원형으로 밀어 편 후 매끈한 면이 바닥에 오도록 뒤집는다.

4. 반죽을 위에서부터 아래로 눌러가며 말아준다.

5. 손으로 반죽을 밀어가며 양끝이 뾰족한 타원형 모양으로 만든다.

6. 반죽에 물을 묻힌다.

7. 빵가루를 묻힌다.

TIP 여기에서는 습식 빵가루를 사용했지만 건식 빵가루를 사용해도 된다.

충전물

소시지(콘킹 저염)	6개

기타

빵가루	적당량
식용유	적당량
머스터드	적당량
케첩	적당량
건조 파슬리 가루	적당량

8. 이음매가 아래로 가도록 팬닝한 후 발효실(32℃, 70%)에 30분간 두어 반죽이 1.5배 정도 부풀어 오르도록 발효시킨다.

TIP 튀기는 반죽은 2차 발효 후 손으로 옮겨야 하므로 발효 시간이 길지 않다. 과발효된 경우 쇼크를 주어 애써 발효한 반죽이 찌그러지거나 주저앉아 울퉁불퉁한 모양으로 완성될 수 있으니 주의한다.

9. 170℃로 예열된 식용유에 넣고 앞뒤로 2분씩 튀긴 후 식힘망 위에서 식힌다. 소시지도 동일한 온도에서 2분 정도 튀겨 준비한다.

TIP 기름에 튀기기 전 반죽의 표면이 잘 말랐는지 반드시 확인한다. 반죽 표면에 수분이 많으면 손에도 잘 달라붙고, 기름과 닿으면서 표면이 울퉁불퉁해진다.

10. 식은 고로케를 반으로 자른다.

11. 소시지를 넣는다.

12. 샐러드 소를 가득 채운다.

13. 머스터드, 케첩을 뿌린다.

14. 건조 파슬리 가루를 올려 마무리한다.

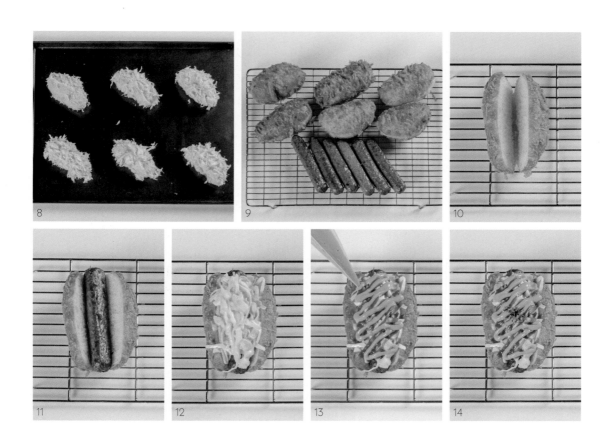

PART 5

DONUT

도넛

브리오슈 계열 반죽과 단과자빵 계열 반죽의 중간 정도의 배합으로 사용해 만든 부드러우면서도 쫀득한 식감의 도넛을 소개한다. 여기에 각양각색의 크림을 가득 넣어 다양하게 즐길 수 있으며 여러 가지로 베리에이션하기에도 좋은 제품이다.

브리오슈 도넛 반죽

이 책에서 소개한 단과자빵 반죽(118p)을 사용해 도넛을 만들어도 충분히 맛있지만, 이 파트에서는 밀가루를 블렌딩하고 노른자와 버터의 함량을 높여 식감은 더 부드럽게, 풍미는 더 뛰어나게 만들어보았다. 여기에서는 기본 스트레이트 제법으로 만들었지만 스펀지 제법으로 만들면 더 부드럽고 풍미가 좋은 도넛 반죽으로 완성할 수 있다.

스펀지 제법으로 만드는 경우

스펀지 반죽*

: T55밀가루 300g, 강력분 300g, 설탕 20g, 이스트 10g, 물 280g, 우유 100g

① 아래 제시된 '브리오슈 도넛 반죽(스트레이트 제법)' 배합 중 T55밀가루 300g, 강력분 300g, 설탕 20g, 이스트 10g, 물 280g, 우유 100g을 따로 빼 잘 섞어 스펀지 반죽을 만든다.

● 이스트는 액체 재료에 넣고 녹여 사용한다.

② 1시간 정도 실온에서 발효한 후 사용한다.

● 저온에서 발효하는 경우 ①의 스펀지 반죽을 밀봉해 냉장고에서 10시간 이상 발효한 후 3배 정도 크기로 부풀면 사용한다.

본반죽

: 스펀지 반죽* 전량, 강력분 400g, 설탕 180g, 소금 18g, 이스트 6g, 버터 250g, 노른자 100g, 우유 150g

① 믹싱볼에 버터를 제외한 모든 재료를 넣고 저속으로 약 1분간, 중속으로 약 4분간 믹싱한다.

② 발전 단계가 되면 버터를 넣고 중속으로 약 7~8분간 100% 상태로 믹싱한다.

⇒ 이후의 과정은 아래 스트레이트 제법과 동일하다.

브리오슈 도넛 반죽(스트레이트 제법) – 도넛 약 42개 분량

강력분	700g
T55 밀가루	300g
설탕	200g
소금	18g
이스트	16g
(saf 세미 드라이 이스트 골드)	
버터	250g
노른자	100g
우유	250g
물	280g
....	
	2114g

1. 믹싱볼에 버터를 제외한 모든 재료를 넣고 저속으로 약 1분, 중속으로 약 4분간 믹싱한다.

2. 발전 단계가 되면 버터를 넣고 중속으로 약 7~8분간 100% 상태로 믹싱한다.

TIP 발전 단계는 반죽이 최대 탄력을 갖고, 글루텐이 본격적으로 구조를 형성하는 단계이다. 버터의 양이 많은 반죽이므로 발전 단계에서 넣어야 믹싱 시간이 단축된다.

3. 최종 반죽 온도는 25~27℃이다.

4. 반죽의 표면이 매끄러워지도록 정리한다.

5. 볼 입구를 랩핑한 후 발효실(27℃, 75%)에서 3~3.5배로 부풀 때까지 약 60분간 발효시킨다.

6. 핑거 테스트로 발효점을 확인한다.

TIP 밀가루를 묻힌 손가락으로 반죽을 찔렀다 뺐을 때 손가락 자국이 아주 살짝 움츠러드는 정도가 가장 이상적인 발효점이다.

7. 발효된 반죽을 50g씩 분할한다.

8. 반죽의 표면이 매끄러워지도록 가볍게 둥글리기한다.

9. 브레드박스에 넣고 반죽이 마르지 않도록 뚜껑을 닫아 실온에서 10분간 벤치타임을 준다.

TIP 여름의 경우 10분, 겨울의 경우 20분을 기준으로 한다. 벤치타임은 보통 실온에서 하지만 실내 온도가 너무 낮다면 발효실이나 따뜻한 공간에서 하는 것이 좋다.

브리오슈 도넛 반죽
- 도넛 약 8개 분량

◆ 홈베이킹용 소량 배합으로, 소수점
  으로 떨어지는 숫자는 반올림 또는
  반내림하였다.

강력분	140g
T55 밀가루	60g
설탕	40g
소금	4g
이스트	3g

(saf 세미 드라이 이스트 골드)

버터	50g
노른자	20g
우유	50g
물	56g

....

423g

10. 벤치타임을 마친 반죽을 다시 둥글리기한다.

11. 반죽의 이음매를 꼬집어 동그랗게 성형한다.

TIP 이음매를 잘 꼬집어주지 않으면 크림을 채울 때 새어나올 수 있다.

12. 반죽의 이음매가 아래로 가도록 팬닝한다.

13. 반죽을 가볍게 눌러준다.

14. 발효실(32℃, 70%)에 50분간 두어 반죽이 2배 정도 부풀어 오르도록
    발효시킨다.

TIP 튀기는 반죽은 2차 발효 후 손으로 옮겨야 하므로 발효 시간이 길지 않다. 과발효된 경우
    쇼크를 주어 애써 발효한 반죽이 찌그러지거나 주저앉아 울퉁불퉁한 모양으로 완성될
    수 있으니 주의한다.

15. 2배 정도로 부푼 반죽은 모양이 잘 유지되며 손으로 살짝 눌러도 발효된
    반죽이 잘 꺼지지 않는 상태이다.

16. 발효를 마친 반죽은 170℃로 예열된 식용유에 넣고 앞뒤로 2분씩 튀긴다.

17. 다 튀겨진 브리오슈 도넛은 식힘망 위에서 식힌다.

POINT

• 브리오슈 도넛 반죽을 여기에서 소개한 것처럼 스트레이트 제법으로 만드는 경우 반죽이 3~3.5배로 부풀어 오르도록
  약 60분간 발효시킨다. 냉장이나 냉동에서 생지로 사용하는 경우에는 2~2.5배로 부풀어 오르도록 약 40분간 발효시
  킨 후 바로 분할한다. 분할한 생지는 냉장고나 냉동고에 보관해 사용한다.

• 냉장 생지의 경우 밀봉해 냉장고에 두고 1~2일 사용할 수 있다. 여름철이나 실내 온도가 높아 반죽의 발효가 빠르게 일
  어난다면 냉동실에 1시간 정도 두고 이스트의 활동을 정지시켜준 다음 다시 냉장고로 옮겨 필요할 때마다 바로바로 꺼
  내 사용한다.

• 냉동 생지의 경우 생이스트는 4일 동안, 냉동 상태로 보관하는 이스트는 1주 동안 사용할 수 있다. 사용할 때는 작업하기
  전날 냉장고로 옮겨 해동시켜 사용하는 것이 좋다. 실온이나 발효실에서 해동하는 경우 이스트가 급격한 온도 변화로 인
  해 사멸해버려 반죽의 풍미가 좋지 않고 발효력 또한 떨어질 수 있으니 주의한다.

21

GLAZED DONUT

글레이즈 도넛

튀기는 종류의 빵은 수분이 많이 빠져나가 노화 또한 빠르게 진행되지만, 이 도넛의 경우 슈거 글레이즈로 코팅해 이틀 정도 촉촉하고 부드럽게 먹을 수 있다. 부드러우면서도 쫄깃한 식감으로 완성했다.

| 50g | 8개 | 170℃ | 4분 |

PROCESS

→	믹싱	최종 반죽 온도 25~27℃
→	1차 발효	27℃/ 75%, 60분
→	분할	50g
→	벤치타임	실온 10분
→	성형	원형
→	2차 발효	32℃/ 70%, 50분
→	튀기기	170℃, 4분

INGREDIENTS

분당	300g
연유	20g
우유	50~60g

....
370~380g

브리오슈 도넛 반죽(178p)

50g 8개

HOW TO MAKE

슈거 글레이즈

1. 볼에 체 친 분당, 연유, 우유를 넣고 골고루 섞는다.

TIP 사용하는 분당의 수분 함량에 따라 되기가 조금씩 다르므로, 우유를 한번에 넣지 말고 조금 남겨두었다가 되직한 정도를 보고 투입한다.

2. 덩어리 없이 매끄럽게 섞인 슈거 글레이즈는 짤주머니에 담아 준비한다.

글레이즈 도넛

3. 2차 발효를 마친 '브리오슈 도넛 반죽'을 준비한다.

4. 지름 3cm 링을 이용해 도넛 모양으로 성형한다.

기타

식용유   적당량

5. 170℃로 예열된 식용유에 넣고 앞뒤로 2분씩 튀긴다.

6. 식힘망 위에서 식힌다.

7. 충분히 식힌 브리오슈 도넛을 체 망에 받친 후 짤주머니를 이용해 슈거 글레이즈를 뿌려 코팅한다.

TIP 짤주머니가 없는 경우 도넛 한 쪽 면을 글레이즈에 담갔다 들어올려 체 망에서 굳힌다.

8. 슈거 글레이즈가 충분히 굳도록 20분 정도 그대로 둔다.

글레이즈가 묽으면 너무 얇게 코팅되고, 되직하면 너무 두껍게 코팅되고
코팅된 모양도 매끈하지 않으며 맛도 너무 달아진다.
글레이즈를 흘렸을 때 1~2초만에 흘러내린 자국이
사라지는 정도의 되기로 맞춰 사용하는 것이 가장 좋다.

22.

MILK CREAM DONUT
우유 크림 도넛

우유 크림과 커스터드 크림 두 가지를 샌딩한 기본 도넛으로 호불호 없이 누구나 맛있게 즐길 수 있는 인기 메뉴다. 마스카르포네의 양을 조절해 크림의 질감을 조절할 수 있는데, 생크림 대비마스카르포네 양을 10% 정도 줄이면 더 가볍고 신선한 맛으로, 30% 정도 더 높이면 더 깊고 농후한 맛으로 완성할 수 있다.

50g

8개

170℃

4분

PROCESS

→	믹싱	최종 반죽 온도 25~27℃
→	1차 발효	27℃/ 75%, 60분
→	분할	50g
→	벤치타임	실온 10분
→	성형	원형
→	2차 발효	32℃/ 70%, 50분
→	튀기기	170℃, 4분

INGREDIENTS

생크림	350g
마스카르포네	70g
연유	28g
설탕	28g
탈지분유	28g

....

504g

브리오슈 도넛(181p)　50g 8개

HOW TO MAKE

우유 크림

1. 믹싱볼에 모든 재료를 넣고 고속 - 중속으로 단단한 상태(100%)로 휘핑한 후 짤주머니에 담아 준비한다.

TIP 도넛에 충전하는 크림은 케이크에 사용하는 크림과 다르게 뻑뻑한 느낌이 들 정도로 단단하게 휘핑해주어야 완성된 도넛의 모양이 망가지지 않으며, 크림과 도넛의 식감도 더 조화롭다.

우유 크림 도넛

2. 튀긴 후 식힌 '브리오슈 도넛'을 준비한다.

3. 도넛의 끝부분만 살짝 남기고 수평으로 자른다.

커스터드 크림   **160g**

◆ 134p와 공정 동일

우유	500g
바닐라빈	1개
노른자	108g
설탕	110g
박력분	50g
옥수수전분	15g
버터	25g

....

808g

◆ 최종적으로 550~600g의
   커스터드 크림이 만들어진다.

토핑

슈거코트	200g
설탕	100g

4. 커스터드 크림을 부드럽게 푼 후 짤주머니에 담아 약 20g씩 도넛에 넓게 파이핑한다.

5. 우유 크림을 약 60g씩 듬뿍 파이핑한다.

6. 도넛을 덮는다.

7. 슈거코트와 설탕을 섞은 후 체에 내린다.

8. 도넛에 듬뿍 묻힌다.

23

VANILLA CREAM DONUT

바닐라 크림 도넛

바닐라빈을 가득 넣은 달콤한 커스터드 크림을 충전한 도넛. 바닐라 크림 도넛은 우유 크림 도넛과 함께 가장 기본적인 메뉴이면서도 누구나 좋아하는 메뉴. 좀 더 가볍고 깔끔한 맛을 원한다면 커스터드 크림과 휘핑한 생크림을 3:1 비율로 섞어 맛을 조절할 수 있다.

| 50g | 8개 | 170°C | 4분 |

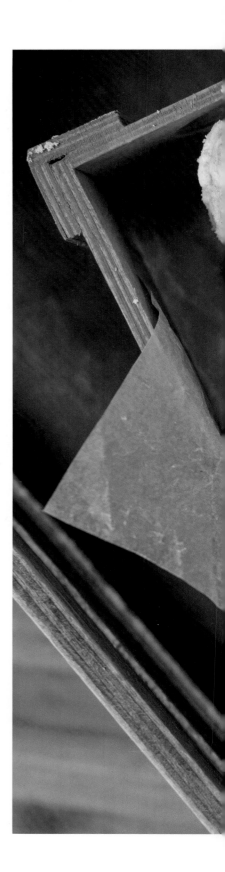

PROCESS

→	믹싱	최종 반죽 온도 25~27°C
→	1차 발효	27°C / 75%, 60분
→	분할	50g
→	벤치타임	실온 10분
→	성형	원형
→	2차 발효	32°C / 70%, 50분
→	튀기기	170°C, 4분

INGREDIENTS

브리오슈 도넛(181p)　　50g 8개

커스터드 크림　　　**400g**
◆ 134p와 공정 동일

우유	500g
바닐라빈	1개
노른자	108g
설탕	110g
박력분	50g
옥수수전분	15g
버터	25g

....
808g

◆ 최종적으로 550~600g의
　커스터드 크림이 만들어진다.

HOW TO MAKE

바닐라 크림 도넛

1. 튀긴 후 식힌 '브리오슈 도넛'을 준비한다.

2. 도넛 한 쪽에 과도로 구멍을 낸다.

3. 준비한 커스터드 크림을 약 50g씩 파이핑한다.

토핑

슈거코트	200g
설탕	100g

4. 슈거코트와 설탕을 섞은 후 체에 내린다.

5. 도넛에 듬뿍 묻힌다.

6. 커스터드 크림을 충전한 부분이 위로 오도록 도넛을 세운 후, 충전한 부분에 남은 커스터드 크림을 약 5g씩 동그랗게 파이핑한다.

24.

STRAWBERRY CREAM DONUT
딸기 크림 도넛

딸기를 사용한 메뉴는 누구나 좋아하는 맛이기도 하고, 제철에
생딸기를 올려 장식하면 판매도 좋은 인기 메뉴다. 딸기 크림을
만들 때 시럽 대신 딸기 분말을 사용하기도 하는데, 이 경우 생
크림 대비 4~6% 사용을 추천한다. 딸기 분말을 섞을 때 덩어리
가 잘 생기므로 설탕에 먼저 분산시켜준 후 다른 재료와 섞는다.

| 50g | 8개 | 170℃ | 4분 |

PROCESS

→	믹싱	최종 반죽 온도 25~27℃
→	1차 발효	27℃/ 75%, 60분
→	분할	50g
→	벤치타임	실온 10분
→	성형	원형
→	2차 발효	32℃/ 70%, 50분
→	튀기기	170℃, 4분

INGREDIENTS

생크림	350g
마스카르포네	70g
연유	28g
모닌 딸기 시럽	50g

....

498g

브리오슈 도넛(181p) 50g 8개

생딸기 8개

HOW TO MAKE

딸기 크림

1. 믹싱볼에 모든 재료를 넣고 고속 - 중속으로 단단한 상태(100%)로 휘핑한 후 짤주머니에 담아 준비한다.

TIP 도넛에 충전하는 크림은 케이크에 사용하는 크림과 다르게 뻑뻑한 느낌이 들 정도로 단단하게 휘핑해주어야 완성된 도넛의 모양이 망가지지 않으며, 크림과 도넛의 식감도 더 조화롭다.

딸기 크림 도넛

2. 튀긴 후 식힌 '브리오슈 도넛'을 준비한다.

3. 도넛의 끝부분만 살짝 남기고 수평으로 자른다.

4. 딸기 1개를 반으로 잘라 올린다.

토핑

슈거코트	200g
설탕	100g
생딸기	8개

5. 딸기 크림을 60g씩 파이핑한다.

6. 도넛을 덮는다.

7. 슈거코트와 설탕을 섞은 후 체에 내린다.

8. 도넛에 듬뿍 묻힌다.

9. 생딸기 1개를 슬라이스한 후 장식해 마무리한다.

25.

MATCHA
CREAM DONUT

말차 크림 도넛

크림 속에 말차를 부드럽게 풀어 도넛 안에 가득 채운 메뉴다. 말
차가루가 없다면 녹차가루로 대체할 수 있으며, 이 경우 말차가
루 양의 1.5~2배 정도로 늘려야 비슷한 강도의 맛을 낼 수 있다.

| 50g | 8개 | 170℃ | 4분 |

PROCESS

→	믹싱	최종 반죽 온도 25~27℃
→	1차 발효	27℃/ 75%, 60분
→	분할	50g
→	벤치타임	실온 10분
→	성형	원형
→	2차 발효	32℃/ 70%, 50분
→	튀기기	170℃, 4분

INGREDIENTS

말차가루	5g
설탕	16g
생크림	157g
커스터드 크림(134p)	263g

....

441g

브리오슈 도넛(181p)	50g 8개

HOW TO MAKE

말차 크림

1. 말차가루와 설탕을 가볍게 섞는다.

2. 믹싱볼에 1과 생크림을 넣고 고속 - 중속으로 단단한 상태(100%)로 휘핑한다.

3. 커스터드 크림을 부드럽게 풀어 넣고 고르게 섞이도록 믹싱한 후 짤주머니에 담아 준비한다.

말차 크림 도넛

4. 튀긴 후 식힌 '브리오슈 도넛'을 준비한다.

5. 도넛 한 쪽에 과도로 구멍을 낸다.

토핑

설탕	100g
말차가루	10g
슈거코트	200g

6. 준비한 말차 크림을 약 50g씩 파이핑한다.

7. 설탕과 말차가루를 섞은 후 슈거코트도 함께 섞는다.

8. 체에 내린다.

9. 도넛에 듬뿍 묻힌다.

10. 말차 크림을 충전한 부분이 위로 오도록 도넛을 세운 후, 충전한 부분에 남은 말차 크림을 약 5g씩 동그랗게 파이핑한다.

PART 6

BRIOCHE

브리오슈

오래된 역사를 가지고 있는 프랑스 전통 빵 브리오슈는 버터, 달걀, 설탕의 비율이 높은 빵으로 그만큼 부드럽고 풍미도 뛰어나다. 전통적인 브리오슈는 우유나 물 대신 100% 달걀만 사용하며 그만큼 버터의 비율도 높다. 밀가루 대비 달걀은 75%, 버터는 80%까지 사용할 수 있는데 고배합인 만큼 공정 또한 까다롭다. 버터와 설탕은 글루텐 형성을 방해하고 구조를 약하게 만드므로 믹싱이 제대로 되지 않으면 빵의 볼륨이 낮아지고 버터가 분리되어 퍽퍽하고 푸석한 식감으로 완성된다. 이 파트에서 사용하는 브리오슈는 수많은 컨설팅을 통해 대중적으로 인기를 많이 얻은 레시피를 기반으로 만들어졌다. 적당한 부드러움과 쫀득함, 그리고 촉촉함이 오래 유지되는 맛있는 레시피로 기본빵부터 조리빵, 디저트빵까지 다양하게 응용해보자.

브리오슈 반죽

브리오슈 반죽을 하기 전 알아두어야 할 상식

● 반죽에 들어가는 모든 재료는 차가운 상태로 준비해 사용한다.

(가루 재료는 냉동실에서, 버터는 얇게 슬라이스해 냉장고에서 보관한다.)

● 버터의 융점은 30℃이므로 최종 반죽의 온도는 29℃ 이상을 넘기지 않도록 주의한다.

(반죽의 온도가 너무 높으면 버터가 녹아 반죽에서 새어나오게 되므로 믹싱 중간중간 반죽의 온도를 확인하고
최종 반죽의 온도가 높아질 것이 예상되면 믹싱볼에 얼음물을 받쳐 작업한다.)

브리오슈 반죽 - 1배합

강력분	800g
T65 밀가루	200g
설탕	180g
소금	20g
이스트	16g
(saf 세미 드라이 이스트 골드)	
탈지분유	50g
달걀	275g
우유	500g
버터	440g
	2481g

브리오슈 반죽 - 1/2배합

◆ 홈베이킹용 소량 배합으로, 소수점
으로 떨어지는 숫자는 반올림 또는
반내림하였다.

강력분	400g
T65 밀가루	100g
설탕	90g
소금	10g
이스트	8g
(saf 세미 드라이 이스트 골드)	
탈지분유	25g
달걀	138g
우유	250g
버터	220g
	1241g

1. 믹싱볼에 버터를 제외한 모든 재료를 넣고 저속으로 약 2분, 중속으로
약 5분간 믹싱한다.

TIP 모든 재료는 차가운 상태로 준비해 사용한다.

2. 발전 단계가 되면 차가운 상태의 버터 1/3을 넣고 중속으로 약 2분간
믹싱한다.

TIP 차가운 상태의 버터는 반죽에 잘 섞이게 하기 위해 얇게 슬라이스해 사용한다.

3. 남은 버터 1/2을 넣고 다시 2분간 중속으로 믹싱한다.

4. 버터가 고르게 섞이면 남은 버터 전량을 넣고 중속으로 약 4~5분간
100% 상태로 믹싱한다.

5. 최종 반죽 온도는 25~27℃이며, 최종 반죽의 상태는 전체적으로 윤기가
나며 얇은 막이 형성되는 아주 부드러운 상태이다.

TIP 브리오슈 반죽처럼 버터와 달걀이 많이 들어가는 고배합 반죽은 다른 반죽에 비해
부드러운 것이 특징이다. 그래서 믹싱을 덜 하는 실수를 하는 경우가 많은데, 다른 반죽
보다 윤기가 더 많이 돌고 신장성도 충분해질 때까지 100% 믹싱(렛다운 상태의 느낌이
들 때까지)해야 이상적인 반죽의 상태가 된다.

6. 반죽의 표면이 매끄러워지도록 정리한다.

7. 브레드박스에 담고 반죽이 마르지 않게 뚜껑을 닫아 발효실(27℃, 75%)
에서 약 3배 정도 부풀어 오를 때까지 약 60분간 발효시킨다.

8. 핑거 테스트로 발효점을 확인한 후 각 제품에 맞춰 분할해 다음 단계를
진행한다.

TIP 밀가루를 묻힌 손가락으로 반죽을 찔렀다 뺐을 때 손가락 자국이 아주 살짝 움츠러드는
정도가 가장 이상적인 발효점이다.

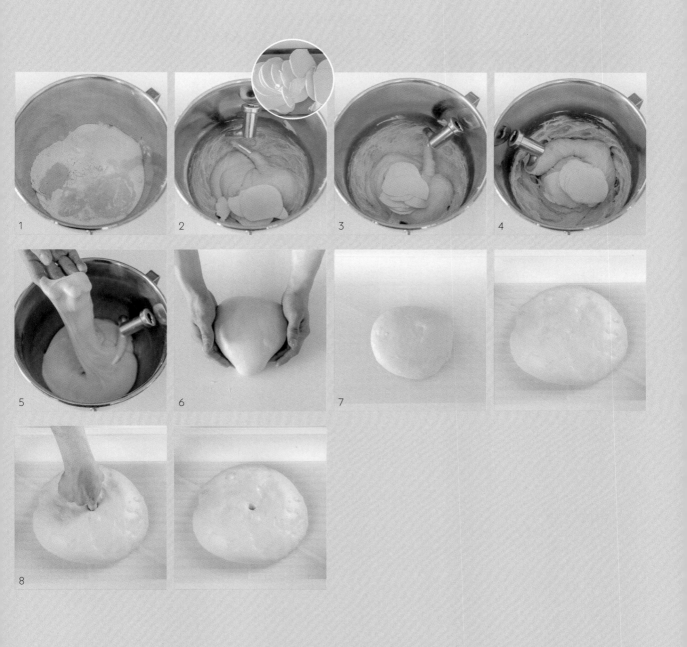

POINT

브리오슈 반죽은 당분, 버터, 수분의 비율이 높은 반죽이라 냉동 반죽하기에 아주 적합하다. 발효가 끝난 반죽은 사용하기 좋은 사이즈로 분할해 표면을 매끄럽게 정리한 후 마르지 않게 밀봉하여 냉동시킨다. 냉동만 잘 시킨다면 2주까지는 거뜬하게 사용할 수 있다. 브리오슈 냉동 생지는 사용하기 전날 냉장고에 옮겨 서서히 해동시켜 다음 날 사용한다. 성형은 냉기가 남아 있을 때 바로 해야 반죽에 쇼크가 가지 않아 안정적인 빵을 만들 수 있다. (발효실이나 실온에서의 해동은 추천하지 않는다.)

26

BRIOCHE BRESSANE

브리오슈 브레산

브리오슈 반죽으로 만드는 가장 기본적인 납작한 모양의 빵. 전통적으로 동그란 홈을 만들어 버터 조각을 올리고 설탕을 뿌려 마무리하지만, 여기에서는 설탕에 시나몬을 더하고 빵 위에 생크림 토핑을 올려 새롭게 만들어보았다.

| 120g | 9개 | 180℃ | 9분 |

PROCESS

→	믹싱	최종 반죽 온도 25~27℃
→	1차 발효	27℃/ 75%, 60분
→	분할	120g
→	벤치타임	냉장 10~20분
→	성형	원형
→	2차 발효	27℃/ 75%, 50분
→	굽기	180℃, 9분

INGREDIENTS

생크림	180g
마스카르포네	18g
연유	9g
슈거파우더	18g
	225g

HOW TO MAKE

토핑용 생크림

1. 볼에 모든 재료를 넣고 고속 - 중속으로 단단한 상태(100%)로 휘핑한다.

TIP 볼 입구를 랩핑해 냉장고에 잠시 두고, 사용하기 직전에 가볍게 섞어 균일하게 만든 후 사용한다. 냉장 보관이 길어져 크림이 묽어지면 다시 휘핑해 사용한다.

브리오슈 브레산

브리오슈 반죽(206p)　1080g

2.　1차 발효를 마친 '브리오슈 반죽'을 준비한다.

3.　발효된 반죽을 120g씩 분할한 후 반죽의 표면이 매끄러워지도록
　　가볍게 둥글리기한다.

4.　브레드박스에 넣고 반죽이 마르지 않도록 뚜껑을 닫아 냉장고에서
　　10~20분간 벤치타임을 준다.

TIP　얇게 밀어 펴 성형하는 브리오슈 브레산의 경우 반죽이 차가워야 예쁘게
　　성형할 수 있다.

5.　벤치타임을 마친 반죽을 지름 10cm 원형으로 밀어 편다.

6.　3개씩 팬닝한다. (우녹스 팬 크기 기준)

7.　발효실(27℃, 75%)에 약 50분간 두어 반죽이 2배 정도 부풀어 오르도록
　　발효시킨다.

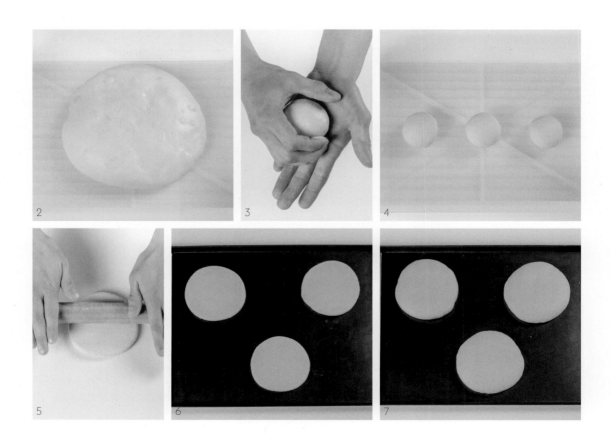

기타

달걀물	적당량

토핑

버터	162g

시나몬 설탕

설탕	200g
시나몬가루	2g

8. 손가락으로 눌러 6개의 구멍을 낸다.

9. 반죽 표면에 달걀물을 바른다.

10. 구멍을 낸 곳에 포마드 상태의 버터를 약 3g씩 파이핑한다.

TIP 버터는 미리 3g으로 조각내어 구멍 위에 올려도 좋다.

11. 시나몬 설탕을 뿌린다.

TIP 시나몬 설탕은 설탕과 시나몬가루를 섞어 사용한다.

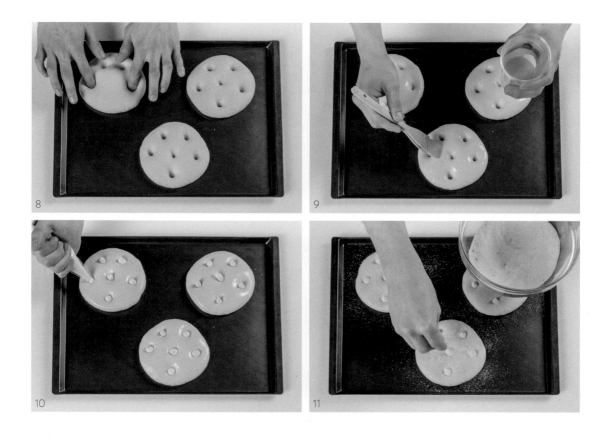

12. 200℃로 예열된 오븐에 넣고 180℃로 낮춰 약 9분간 굽는다.

13. 오븐에서 나오자마자 토핑용 생크림을 듬뿍 바른다.

14. 다시 오븐에 넣고 2분 정도 더 구운 후 바닥에 두세 번 내리쳐 쇼크를
주고 식힘망으로 옮긴다.

TIP 브리오슈 브레산은 넓적하게 성형하므로 다른 모양의 빵에 비해 상대적으로 수분
손실이 높다. 따라서 토핑용 생크림을 바르면 빵에 크림이 스며들면서 더 촉촉하고
부드러운 식감으로 완성할 수 있다.

27.

CORN CHEESE BRIOCHE

콘치즈 브리오슈

어른부터 아이까지 모두가 좋아하는 하츠베이커리의 인기 조리 빵. 마요네즈에 버무려진 고소한 콘치즈 토핑과 톡톡 터지는 달콤한 옥수수, 그리고 치즈까지 더해져 한 끼 식사로도, 오후의 간식으로도 누구나 맛있게 즐길 수 있는 메뉴다.

120g

3개

180°C

12분

PROCESS

→	믹싱	최종 반죽 온도 25~27°C
→	1차 발효	27°C / 75%, 60분
→	분할	120g
→	벤치타임	냉장 10~20분
→	성형	원형
→	2차 발효	27°C / 75%, 50분
→	굽기	180°C, 12분

INGREDIENTS

햄(본레스)	30g
양파	30g
통조림 옥수수	180g
피자치즈	60g
마요네즈	60g
소금	적당량
후추	적당량
	360g

HOW TO MAKE

콘치즈 토핑

1. 볼에 모든 재료를 넣고 골고루 섞는다.

TIP 햄과 양파는 사방 0.3cm 크기로 썰어 사용한다.

콘치즈 브리오슈

브리오슈 반죽(206p)　　360g

2. 1차 발효를 마친 '브리오슈 반죽'을 준비한다.

3. 발효된 반죽을 120g씩 분할한 후 반죽의 표면이 매끄러워지도록
가볍게 둥글리기한다.

4. 브레드박스에 넣고 반죽이 마르지 않도록 뚜껑을 닫아 냉장고에서
10~20분간 벤치타임을 준다.

TIP 여름의 경우 10분, 겨울의 경우 20분을 기준으로 한다. 얇게 밀어 펴 성형하는
콘치즈 브리오슈의 경우 반죽이 차가워야 예쁘게 성형할 수 있다.

5. 벤치타임을 마친 반죽을 지름 10cm 원형으로 밀어 편다.

6. 3개씩 팬닝한 후(우녹스 팬 크기 기준) 발효실(27℃, 75%)에 약 50분간
두어 반죽이 2배 정도 부풀어 오르도록 발효시킨다.

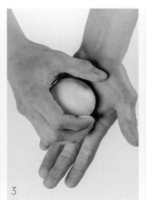

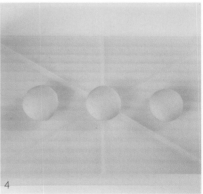

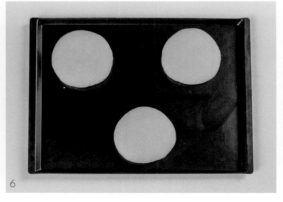

기타

달걀물	적당량
피자치즈	90g
건조 파슬리 가루	적당량

7. 발효가 끝난 반죽은 가장자리 1.5cm를 남겨두고 손가락으로 눌러준다.

8. 반죽 가장자리에 달걀물을 바른다.

9. 콘치즈 토핑을 120g씩 올린다.

10. 피자치즈를 30g씩 올린다.

마요 소스

물	15g
물엿	30g
마요네즈	30g
....	
	75g

11. 200℃로 예열된 오븐에 넣고 180℃로 낮춰 약 12분간 굽는다.

12. 오븐에서 나오자마자 마요 소스를 전체적으로 고르게 바른다.

TIP 마요 소스는 모든 재료를 섞어 사용한다.

13. 건조 파슬리 가루를 뿌린 후 식힘망에 올려 식힌다.

28.

BRIOCHE HAMBURGER BUN & CHEESE BURGER

브리오슈 햄버거 번과 치즈 버거

브리오슈 반죽으로 만드는 햄버거 번은 일반 햄버거 번보다 훨씬 더 부드럽고 고소하며, 버터 함량이 높은 만큼 살짝 구웠을 때 버터의 풍미가 더 풍부해지고 식감도 더 부드러워지는 것이 특징이다. 치즈 버거 레시피도 함께 소개하니 집에서도 맛있는 수제 버거를 만들어보자.

| 80g | 6개 | 170℃ | 13분 |

PROCESS

→	믹싱	최종 반죽 온도 25~27℃
→	1차 발효 및 펀치	25℃ / 75%, 60분
→	분할	80g
→	벤치타임	실온 10~20분
→	성형	원형
→	2차 발효	27℃ / 75%, 50~60분
→	굽기	170℃, 13분

INGREDIENTS

브리오슈 반죽(206p)   480g

HOW TO MAKE

브리오슈 햄버거 번

1. 1차 발효를 마친 '브리오슈 반죽'을 준비한다.

2. 발효된 반죽을 80g씩 분할한다.

3. 반죽의 표면이 매끄러워지도록 가볍게 둥글리기한다.

4. 브레드박스에 넣고 반죽이 마르지 않도록 뚜껑을 닫아 실온에서
   10~20분간 벤치타임을 준다.

   TIP 여름의 경우 10분, 겨울의 경우 20분을 기준으로 한다.

5. 벤치타임을 마친 반죽을 다시 둥글리기해 매끄럽고 탄력 있게 만든다.

기타

달걀물   적당량

토핑

참깨   적당량

6. 반죽의 이음매가 아래로 가도록 햄버거 팬에 팬닝한 후 달걀물을 바른다.

7. 발효실(27℃, 75%)에 50~60분간 두어 반죽이 2배 정도 부풀어 오르도록 발효시킨다.

8. 반죽 표면에 물을 뿌린다.

9. 참깨를 듬뿍 뿌린다.

10. 180℃로 예열된 오븐에 넣고 170℃로 낮춰 약 13분간 구운 후 바닥에 두세 번 내리쳐 쇼크를 주고 식힘망으로 옮긴다.

브리오슈 햄버거 번	6개
버터	적당량

햄버거 패티	6개 분량
다진 소고기	750g
소금	적당량
후추	적당량

11. 준비한 브리오슈 번을 반으로 자른 후 버터를 얇게 바른다.

12. 팬에서 노릇하게 구운 후 식힘망 위에서 식힌다.

13. 다진 소고기는 키친타올에 올려 핏물을 제거한다.

TIP 핏물을 제거해야 잡내가 나지 않는다.

14. 다진 소고기에 소금과 후추로 간을 한다.

15. 충분하게 치대면서 점성 있는 상태로 만든다.

TIP 고기를 충분하게 치대주어야 패티의 모양이 흐트러지지 않는다.

16. 120g으로 나눈다.

17. 약 12cm 지름으로 만든다.

TIP 패티는 익을수록 너비는 수축하면서 두께는 도톰해지므로 원하는 크기보다 1.5~2cm 정도 넓게 모양을 만들어 굽는다.

224

허니 머스터드 소스

마요네즈	75g
홀그레인 머스터드	15g
꿀	15g
	105g

스리라차 마요 소스

마요네즈	60g
스리라차	30g
	90g

기타

식용유	적당량
아메리칸 슬라이스 치즈	12장
로메인	6장
슬라이스 토마토	6장
피클	45g
적양파	적당량
라지 스위트 피클	약 8개

18. 식용유를 두른 팬에서 햄버거 패티를 앞뒤로 충분하게 굽는다.

19. 햄버거 패티가 다 익으면 아메리칸 슬라이스 치즈를 올려 녹인다.

20. 준비한 브리오슈 번에 허니 머스터드 소스를 바른다.

TIP 허니 머스터드 소스는 모든 재료를 섞어 만든다.

21. 로메인과 19를 올린다.

22. 슬라이스한 토마토와 얇게 슬라이스한 라지 스위트 피클을 올린다.

TIP 슬라이스한 토마토는 키친타월에 올려 물기를 제거한 후 사용한다.

23. 적양파를 올린다.

24. 스리라차 마요 소스 15g을 올린다.

TIP 스리라차 마요 소스는 모든 재료를 섞어 만든다.

25. 브리오슈 번으로 덮은 후 나무꼬치로 꽂은 라지 스위트 피클을 햄버거에 꽂는다.

햄버거 번은 바게트 모양이나 럭비공 모양으로 성형해
핫도그 번 등으로 응용해 사용해도 좋다.

29

CINNAMON TWIST

시나몬 트위스트

브리오슈 반죽으로 만드는 대표적인 빵이라고 할 수 있는 시나몬 롤. 여기에서는 반죽을 돌돌 말고 썰어 굽는 일반적인 모양 대신 매듭처럼 묶어 꼬아 겉은 바삭하고 속은 촉촉하게 만들었다. 입 안에서 퍼지는 시나몬의 은은한 향과 녹진한 크림치즈 프로스팅, 보드라운 브리오슈의 삼박자가 조화로운 메뉴다.

120g

12개

180℃

15분

PROCESS

→	믹싱	최종 반죽 온도 25~27℃
→	1차 발효	27℃/ 75%, 60분
→	분할	120g
→	휴지	냉장 50분 또는 냉동 30분
→	성형	변형 트위스트
→	굽기	180℃, 15분

INGREDIENTS

HOW TO MAKE

시나몬 페이스트

황설탕	200g
시나몬가루	20g
버터	100g

....

320g

1. 볼에 황설탕과 시나몬가루를 넣고 골고루 섞는다.

2. 녹인 버터를 넣고 섞는다.

크림치즈 프로스팅

버터	150g
크림치즈(엘로이)	75g
분당	75g

....

300g

3. 믹싱볼에 포마드 상태의 버터와 크림치즈를 넣고 부드럽게 푼다.

4. 체 친 분당을 넣고 섞는다.

시나몬 트위스트

브리오슈 반죽(206p) 1200g

5. 1차 발효를 마친 '브리오슈 반죽' 1200g을 준비한다.

6. 반죽의 표면을 매끄럽게 정리한다.

7. 반죽을 밀어 편다.

8. 비닐로 감싸 30cm 정사각형 크기로 만든다.

9. 냉장고에서 50분간 휴지시킨다. (냉동실에서 휴지시킬 경우 30분간 둔다.)

TIP 이 상태로 냉동실에서 얼려두었다가 사용하는 경우 전날 미리 냉장고에 옮겨 해동시킨 후 사용한다.

TIP 시나몬롤은 빵보다 케이크류에 더 가깝기 때문에 발효가 아닌 휴지를 주어야 완성품의 식감이 부드러워지고 작업성 또한 좋아진다.

10. 휴지를 마친 반죽에 덧가루(강력분)를 뿌린다.

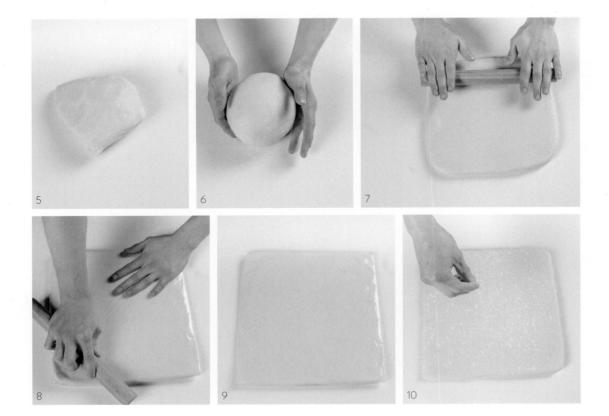

11. 60×40cm 크기로 밀어 편 후 매끄러운 면이 바닥에 오도록 뒤집어 가로 방향으로 놓는다.

12. 반죽 가운데 1/3 정도에 시나몬 페이스트 절반을 바른다.

13. 한쪽 반죽을 접는다.

14. 접은 반죽에 남은 시나몬 페이스트를 모두 바른다.

15. 반대쪽 반죽을 접는다.

16. 반죽에 덧가루(강력분)를 뿌린다.

17. 다시 60×30cm로 밀어 편다.

18. 다시 3절로 접는다.

19. 35 × 27cm 크기로 밀어 편 후 세로 방향으로 놓는다.

20. 반죽의 양끝을 반듯하게 잘라낸다.

21. 약 2cm 너비로 재단한다. (개당 약 120g)

22. 반죽 한 줄을 가로 방향으로 놓고 양손으로 꼬아서 말아준다.

23. 끈을 묶듯 한번 꼬아준다.

24. 밖으로 나온 반죽을 안쪽으로 넣어준다.

TIP 반죽을 만질수록 버터가 녹아 결이 망가지므로 반죽 상태를 차갑게 유지하면서 최대한 빠르게 작업하는 것이 좋다.

시나몬 트위스트 성형
영상으로 배우기

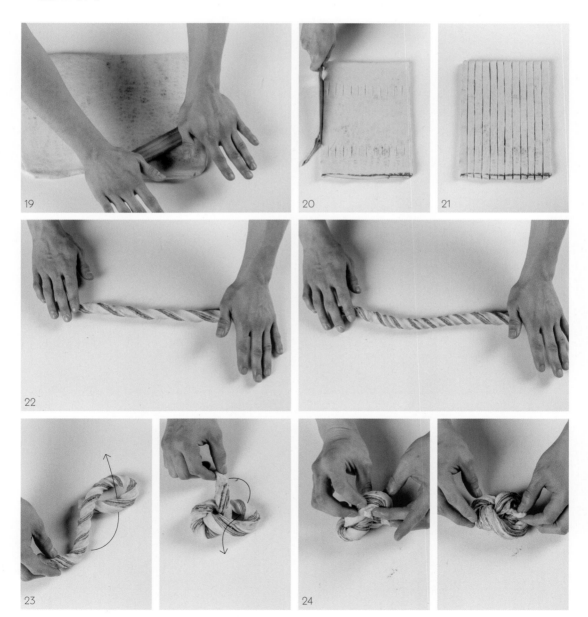

토핑

시나몬가루   적당량

25. 팬닝한 후 200℃로 예열된 오븐에 넣고 180℃로 낮춰 약 15분간 굽는다.

26. 빵이 뜨거울 때 짤주머니를 이용해 크림치즈 프로스팅을 파이핑한다.

27. 시나몬가루를 뿌려 마무리한다.

30

CHALLAH

할라 브레드

할라 브레드는 유대인이 안식일이나 명절에 즐겨 먹는 전통 빵이다. 반죽을 길게 말아 세 가닥, 다섯 가닥, 여섯 가닥 등으로 꼬아 큼직하게 만드는데, 크기가 클수록 수분 보유력이 좋아 촉촉하고 그만큼 보관 기간도 길다. 여기에서는 여섯 가닥으로 꼬아 만들었는데, 여섯 가닥 꼬기가 어렵다면 머리를 땋듯 세 가닥으로 꼬아 만들어도 좋다. 할라 브레드는 슬라이스해 토스트해 먹거나 샌드위치로 먹기에 좋다.

300g

2개

170℃

18분

PROCESS

→ 믹싱	최종 반죽 온도 25~27℃
→ 1차 발효	28℃/ 75%, 60분
→ 분할	50g
→ 벤치타임	냉장 10~20분
→ 성형	6가닥 꼬기
→ 2차 발효	27℃/ 75%, 50분
→ 굽기	170℃, 18분

INGREDIENTS

브리오슈 반죽(206p)　　600g

HOW TO MAKE

할라 브레드

1. 1차 발효를 마친 '브리오슈 반죽'을 준비한다.

2. 발효된 반죽을 50g씩 분할한다.

3. 반죽의 표면이 매끄러워지도록 가볍게 둥글리기한다.

4. 브레드박스에 넣고 반죽이 마르지 않도록 뚜껑을 닫아 냉장고에서 10~20분간 벤치타임을 준다.

TIP 여름의 경우 10분, 겨울의 경우 20분을 기준으로 한다.

5. 벤치타임을 마친 반죽을 길게 밀어 가형성한다.

TIP 가운데는 통통하게, 양끝은 얇게 만든다.

6. 반죽 6가닥을 모은다.

할라브레드 6가닥, 3가닥 성형
영상으로 배우기

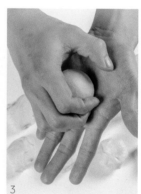

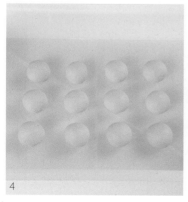
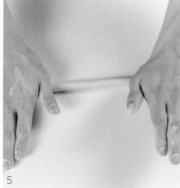

기타

달걀물   적당량

토핑

참깨   적당량

검은깨   적당량

7. 6가닥을 꼬아가며 성형한다.

8. 반죽을 뒤집어 양끝부분을 안으로 밀어 넣어 깔끔하게 마무리한다.

9. 다시 뒤집어 팬닝한 후 발효실(27℃, 75%)에 약 50분간 두어 반죽이 2배 정도 부풀어 오르도록 발효시킨다.

10. 반죽 표면에 달걀물을 바른다.

11. 참깨와 검은깨를 골고루 뿌린다.

12. 180℃로 예열된 오븐에 넣고 170℃로 낮춰 약 18분간 구운 후 바닥에 두세 번 내리쳐 쇼크를 주고 식힘망으로 옮긴다.

할라 브레드를 여섯 가닥으로 만드는 것이 어렵다면
머리를 땋듯 세 가닥으로 꼬아 만들어도 좋다.
이때 반죽 한 가닥의 무게는 50g이 아닌 100g으로 늘려
총 중량을 동일하게 해야 굽는 시간과 온도를 동일하게 맞출 수 있다.

31

GONGJU CHESTNUT BREAD

공주 밤식빵

부드럽고 촉촉한 브리오슈 반죽에 직접 졸인 공주 밤과 아몬드 크림을 듬뿍 넣고 소보로를 올려 만든, 맛이 없을래야 없을 수 없는 메뉴다. 밤 조림을 만들기 번거롭다면 시판 캔 밤이나 보늬 밤을 사용해도 좋다.

200g

6개

165℃

28~30분

PROCESS

→	믹싱	최종 반죽 온도 25~27℃
→	1차 발효	27℃/ 75%, 60분
→	분할	200g
→	벤치타임	실온 또는 냉장 10~20분
→	성형	원 루프
→	2차 발효	27℃/ 75%, 50~60분
→	굽기	165℃, 28~30분

INGREDIENTS

생밤	600g
물	500g
설탕	300g
꿀	100g
	1500g

◆ 최종적으로 900~950g의 밤 조림이 만들어진다.

HOW TO MAKE

밤 조림 (시판 보늬밤으로 대체 가능)

1. 생밤은 껍질을 제거한 후 깨끗이 씻어 준비한다.

2. 냄비에 물, 설탕, 꿀을 넣고 끓인다.

3. 바글바글 끓어오르면 생밤을 넣고 중간중간 저어가며 끓이다가 주걱으로 눌렀을 때 부드럽게 으깨어지는 상태가 되면 불을 끄고 10분간 그대로 두어 뜸을 들인다.

4. 완성된 밤 조림은 충분히 식힌 후 시럽과 함께 밀폐 용기에 담아 냉장 보관해 체에 걸러 사용한다. 2~3일 이내로 사용하는 경우 체에 걸러진 상태로 보관해도 좋다.

TIP 완성된 밤은 색이 노랗고, 표면에 윤기가 도는 상태이다.

아몬드 크림

버터	100g
분당	100g
아몬드가루	100g
박력분	10g
달걀	100g
골드럼(BAKARDI)	10g
	420g

5. 믹싱볼에 포마드 상태의 버터를 넣고 부드럽게 푼다.

6. 체 친 분당, 아몬드가루, 박력분을 넣고 섞는다.

7. 달걀을 두세 번 나눠 넣어가며 중속으로 뽀얗고 풍성한 상태가
될 때까지 80% 정도로 휘핑한다.

8. 골드럼을 넣고 믹싱한다.

9. 완성된 아몬드 크림은 볼 입구를 랩핑한 후 냉장고에서 하루 동안
숙성시켜 사용한다.

브리오슈 반죽(206p)　　1200g

10.　1차 발효를 마친 브리오슈 반죽을 준비한다.

11.　발효된 반죽을 200g씩 분할한다.

12.　반죽의 표면이 매끄러워지도록 가볍게 둥글리기한다.

13.　브레드박스에 넣고 반죽이 마르지 않도록 뚜껑을 닫아 실온 또는
　　　 냉장고에서 10~20분간 벤치타임을 준다.

TIP　여름의 경우 10분, 겨울의 경우 20분을 기준으로 한다.

14. 벤치타임을 마친 반죽을 밀대로 길게 밀어 편다.

15. 준비한 아몬드 크림을 약 65~68g씩 파이핑한다.

16. 스패출러를 이용해 평평하게 펴 바른다.

17. 밤 조림을 150g씩 올린다.

18. 위에서부터 아래로 탄력 있게 말아준 후 반죽의 이음매를 잘 붙여준다.

TIP 성형할 때 반죽이 늘어지지 않게 탄력 있게 말아준다.

19. 성형한 반죽을 반으로 자른다.

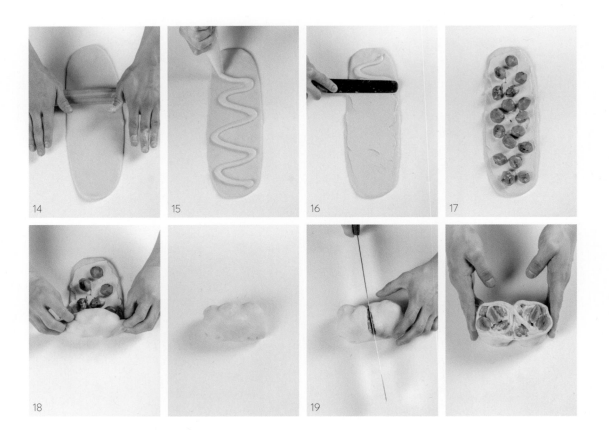

토핑

소보로(128p)   120g

20. 반죽의 이음매가 아래로 가도록 오란다 틀에 넣는다.

TIP 여기에서는 15.5 × 7.5 × 6.5cm 크기의 오란다 틀을 사용했다.

21. 발효실(27℃, 75%)에 50~60분간 두어 반죽이 오란다 틀 높이로
부풀어 오를 때까지 발효시킨다.

22. 소보로를 20g씩 올린 후 180℃로 예열된 오븐에 넣고 165℃로 낮춰
약 28~30분간 굽는다.

23. 오븐에서 나오자마자 바닥에 두세 번 내리쳐 틀에서 분리하고
식힘망으로 옮긴다.

TIP 빠져나오지 못한 뜨거운 증기가 식빵 중앙에 모여 있는 상태이므로 쇼크를 주어
바로 꺼낸다. 쇼크를 주지 않으면 식빵 속 수분 이동이 과해져 찌그러진 형태의
식빵으로 완성된다.

32

CHOCOLATE BABKA

초콜릿 바브카

바브카는 이스트를 사용한 반죽으로 만든 케이크를 칭한다. 바브카에는 두 가지 형태가 존재한다. 동유럽인들은 발효된 반죽을 구워 달콤한 글레이즈를 씌운 케이크로 만들고, 유태인들은 달콤한 필링을 반죽에 바르고 말아서 꼰 후 스트로이젤 같은 토핑을 얹거나 구운 후 시럽이나 글레이즈를 씌워 만든다. 여기에서는 초콜릿으로 맛을 내고, 반죽을 꼬아 만드는 방식의 바브카를 담아보았다.

| 200g | 3개 | 160℃ | 30분 |

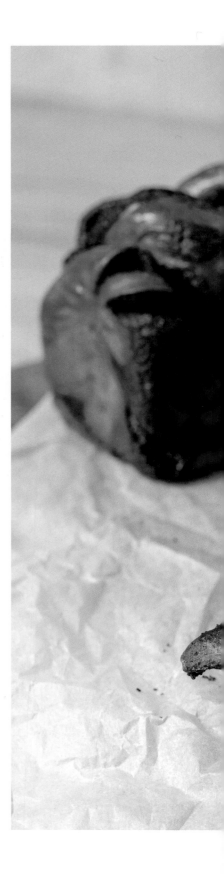

PROCESS

→	믹싱	최종 반죽 온도 25~27℃
→	1차 발효	27℃/ 75%, 60분
→	분할	200g
→	벤치타임	냉장 20분
→	성형	트위스트
→	2차 발효	27℃/ 75%, 50분
→	굽기	160℃, 30분

INGREDIENTS

버터	70g
다크초콜릿	70g
카카오파우더	25g
황설탕	80g
	245g

HOW TO MAKE

초콜릿 충전물

1. 볼에 버터와 다크초콜릿을 넣고 녹인 후 45℃로 맞춘다.

2. 다른 볼에 카카오파우더와 황설탕을 넣고 골고루 섞는다.

3. 1에 2를 넣고 섞는다.

4. 되직한 상태로 굳힌 후 사용한다.

TIP 만약 너무 굳어 딱딱해진 상태라면 전자레인지에서 짧게 끊어가며 돌려 부드럽게 만들어 사용한다.

초콜릿 바브카

브리오슈 반죽(206p)	600g
다진 헤이즐넛	60g

5. 1차 발효를 마친 '브리오슈 반죽'을 준비한다.

6. 200g씩 분할한 후 가볍게 둥글리기한다.

7. 브레드박스에 담아 냉장고에서 20분간 휴지시킨다.

8. 반죽을 타원형으로 밀어 편다.

9. 반죽 위아래 가장자리를 늘려 직사각형 형태로 만든다.

10. 초콜칫 충전물을 80g씩 바른다.

11. 다진 헤이즐넛을 20g씩 뿌린다.

TIP 헤이즐넛은 150℃에서 6~7분간 구운 후 다져 사용한다.

12. 반죽을 탄력 있게 말아준 후 이음매를 잘 붙여준다.
13. 반죽을 2등분으로 자른다.
14. 반죽을 X자로 놓는다.
15. 아래쪽과 위쪽을 두 번씩 꼬아준다.

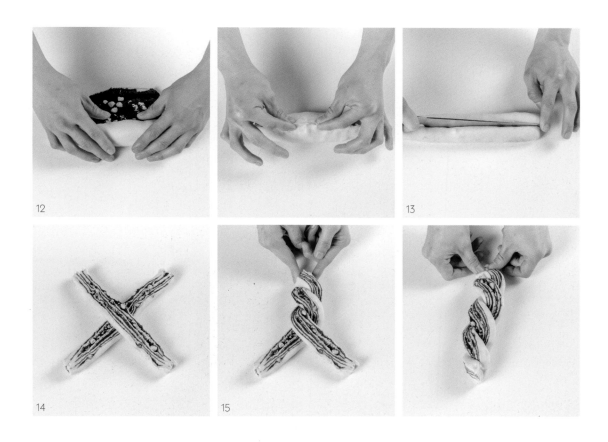

시럽

설탕	100g
물	150g

16. 15.5 × 7.5 × 6.5cm 크기의 오란다 틀에 팬닝한다.

17. 27℃, 75%의 발효실에서 약 50분간 반죽이 틀 아래 1.5cm까지 부풀어 오를 때까지 발효한다.

18. 180℃로 예열된 오븐에 넣고 160℃로 낮춰 약 30분간 구운 후 바닥에 두세 번 내리친다.

19. 빵이 뜨거울 때 시럽을 듬뿍 바른 후 식힘망으로 옮겨 식힌다.

TIP 시럽은 냄비에 설탕과 물을 넣고 녹을 때까지 끓인 후 식혀 사용한다. 이때 주걱으로 젓지 않고 그대로 두고 끓인다.

33.

PISTACHIO
BABKA

피스타치오 바브카

피스타치오 분말을 가득 넣어 피스타치오 특유의 진한 맛을 그
대로 담았다. 단면을 잘랐을 때 보이는 초록빛과 꼬아진 결이 매
력적인 제품이다.

| 200g | 3개 | 160℃ | 30분 |

PROCESS

→	믹싱	최종 반죽 온도 25~27℃
→	1차 발효	27℃/ 75%, 60분
→	분할	200g
→	벤치타임	냉장 20분
→	성형	트위스트
→	2차 발효	27℃/ 75%, 50분
→	굽기	160℃, 30분

INGREDIENTS

버터	67g
화이트초콜릿	67g
피스타치오 분말	67g
슈거파우더	45g

....

246g

HOW TO MAKE

피스타치오 충전물

1. 볼에 버터와 화이트초콜릿을 넣고 녹여 45℃로 맞춘다.
2. 다른 볼에 피스타치오 분말과 슈거파우더를 넣고 골고루 섞는다.
3. 1에 2를 넣고 골고루 섞는다.
4. 되직한 상태로 굳힌 후 사용한다.

피스타치오 바브카

브리오슈 반죽(206p) 600g

5. 1차 발효를 마친 '브리오슈 반죽'을 준비한다.

6. 200g씩 분할한 후 가볍게 둥글기기한다.

7. 브레드박스에 담아 냉장고에서 20분간 휴지시킨다.

8. 반죽을 타원형으로 밀어 편다.

9. 반죽 위아래 가장자리를 늘려 직사각형 형태로 만든다.

10. 피스타치오 충전물을 80g씩 바른다.

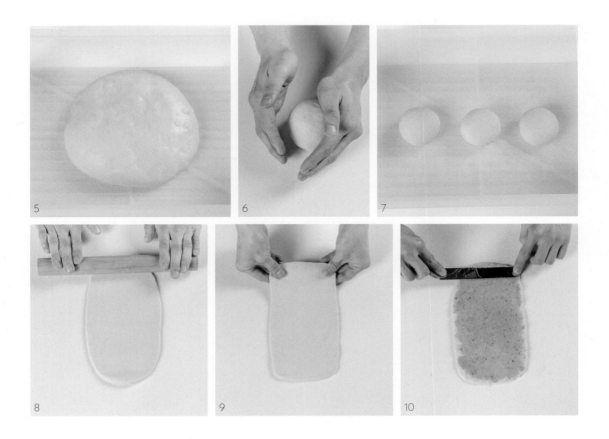

11. 반죽을 탄력 있게 말아준 후 이음매를 잘 붙여준다.

12. 반죽을 2등분으로 자른다.

13. 반죽을 X자로 놓는다.

14. 아래쪽 위쪽을 꼬아준다.

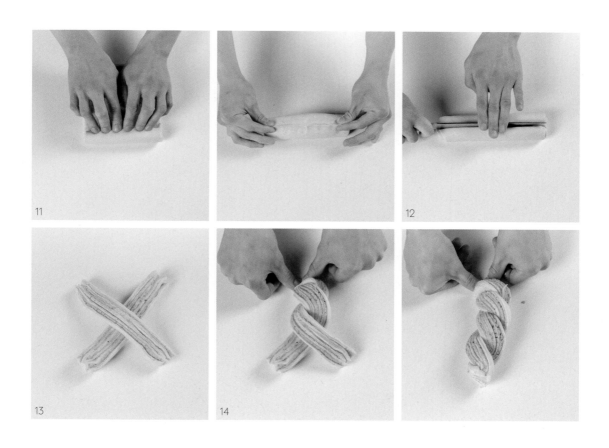

시럽

설탕	100g
물	150g

15. 15.5 × 7.5 × 6.5cm 크기의 오란다 틀에 팬닝한다.

16. 27℃, 75%의 발효실에서 약 50분간 반죽이 틀 아래 1.5cm까지 부풀어
오를 때까지 발효한다.

17. 180℃로 예열된 오븐에 넣고 160℃로 낮춰 약 30분간 구운 후 바닥에
두세 번 내리친다.

18. 빵이 뜨거울 때 시럽을 듬뿍 바른 후 식힘망으로 옮겨 식힌다.

TIP 시럽은 냄비에 설탕과 물을 넣고 녹을 때까지 끓인 후 식혀 사용한다.
이때 주걱으로 젓지 않고 그대로 두고 끓인다.

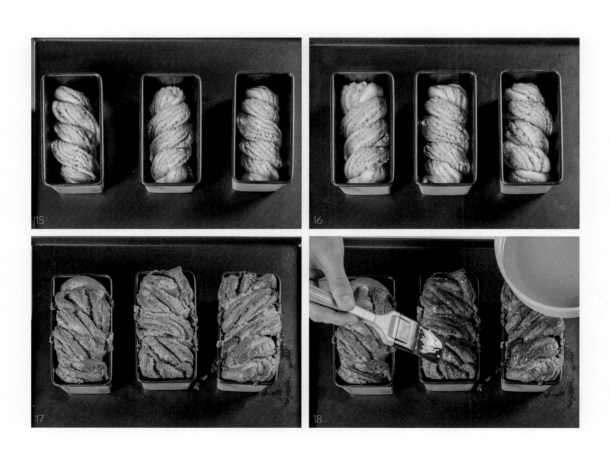

PART 7.

PRETZEL

프레첼

프레첼은 수산화나트륨으로 만들어진 라우겐 용액에 반죽을 담갔다 빼서 구워내 짙은 나무색 표면으로 완성되는 독일식 빵이다. 겉모습은 투박하고 거칠어보이지만 속은 아주 부드럽고 묵직한 질감을 가지는 것이 특징이다. 라우겐 용액에 닿은 빵의 표면이 메일라드 반응을 일으키고, 구워지면서 미네랄이 많이 형성되어 쌉싸름한 향과 매력적인 식감으로 완성된다. 프레첼은 그 자체로도, 샌드위치나 디저트 빵으로도 두루두루 잘 어울리므로 다양하게 응용하기에도 좋은 빵이다.

프레첼 반죽

T55밀가루	700g
설탕	17g
소금	14g
이스트	8g
(saf 세미 드라이 이스트 레드)	
버터	42g
올리브유	28g
얼음	80g
우유	350g
	1239g

1. 믹싱볼에 모든 재료를 넣고 저속으로 약 3분, 중속으로 약 8~9분, 저속으로 약 1분간 100% 상태로 믹싱한다.

2. 최종 반죽 온도는 25℃이며, 신장성이 뛰어나며 얇고 매끄러운 막이 형성되는 상태이다.

3. 반죽의 표면이 매끄러워지도록 정리한다.

4. 제품에 맞춰 제시된 분량으로 분할한다.

TIP 프레첼 반죽은 발효를 억제하고 반죽의 탄성이 형성되는 것을 막기 위해 휴지시키지 않고 바로 분할한다.

5. 반죽의 매끄러운 면을 살려 타원형으로 말아준다. (오리지널 프레첼 외의 메뉴들은 원형으로 둥글리기해 모양을 잡아도 된다.)

6. 반죽이 마르지 않도록 밀봉해 냉동실에서 약 20분간(또는 냉장고에서 약 50분간) 휴지시킨 후 제품에 맞춰 성형해 사용한다.

TIP 프레첼 반죽은 발효될수록 질겨지므로, 냉동실에서 휴지시켜 발효를 억제하면서 반죽의 신장성은 키워주어 꽉 차고 부드러운 식감으로 완성한다.

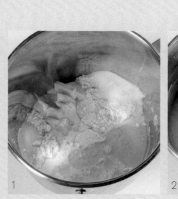

라우겐 용액 만들기

차가운 물	500g
가성소다(식품용)	25g

1. 차가운 물에 가성소다를 넣고 골고루 풀어 라우겐 용액을 만든다.

TIP 따뜻한 물에 가성소다를 풀면 더 잘 풀어지긴 하지만 화학 반응으로 물이 너무 뜨거워져 화상의 위험이 있으므로, 차가운 물로 안전하게 사용하는 것을 추천한다.

2. 냉장고에 넣어 차갑게 준비한다.

TIP 완성된 라우겐 용액은 차갑게 보관하며 사용한다. 물이 미지근하거나 따뜻하면 반죽을 담갔을 때 반죽이 풀어지고 발효 진행도 빨라진다.

> 가성소다는 물을 만나면 화학 반응을 일으며 인체에 좋지 않은 가스가 형성되므로 넓은 공간에서 충분한 환기를 시켜가며 작업해야 한다.

가성소다 대신 일반 소다로 프레첼 만들기

유튜브를 운영하면서 가장 많이 받는 질문 중 하나가 바로 가성소다를 대체할 수 있는 재료에 대한 문의이다. 작업하기에 까다롭다기보다는 아무래도 가성소다 자체의 위험성 때문에 가정에서 가성소다를 사용하는 것을 꺼려 하는 분들이 많아 일반 소다(제과에서 사용하는 일반적인 베이킹소다)로 대체해 만드는 방법을 테스트해보았다. 뜨거운 물에 데치는 작업이므로 주의해야 하며 용액이 피부에 닿거나 튀었을 때는 차가운 물로 1분 이상 씻어야 한다.

---

1. 물과 일반 소다를 10:1 비율로 섞은 후 냄비에 넣고 끓인다.
2. 바글바글 끓으면 프레첼을 넣고 앞뒤로 30초씩 총 1분간 데친다.

TIP 이때 일반 소다를 섞은 물이 뜨거운 열에 의해 순간적으로 가성소다와 비슷한 pH에 도달하므로, 여기에 프레첼 반죽을 데치면 가성소다를 사용했을 때와 비슷한 효과를 볼 수 있다.

가성소다로 만든 프레첼

일반 소다로 만든 프레첼

프레첼 제대로 굽기

노란 부분 없이 전체적으로 구움색이 충분한 프레첼. 메일라드 반응이 충분하게 일어난 상태이다.

노란 부분이 보이고 전체적으로 구움색이 옅은 덜 구워진 프레첼. 굽는 시간이 짧아 가성소다 일부가 남아 있는 상태이다.

프레첼을 구울 때 주의해야 할 점은 바로 구움색이다. 제대로 구워진 프레첼은 짙은 갈색이며 전체적으로 윤기가 난다. 만약 구워져 나온 프레첼 표면 군데군데가 노랗거나 전체적으로 구움색이 옅다면 덜 구워진 상태이며, 이런 프레첼을 먹게 되면 입안이 아리거나 심한 경우 배탈이 날 수도 있다. 물론 오븐 속에서 뜨거운 열과 산소를 만나면서 가성소다의 강알칼리 성분이 많이 줄어든 상태이겠지만 소량일지라도 섭취하게 되면 건강에 좋지 않으므로 구움색을 충분히 내는 것이 중요하다.

34

ORIGINAL PRETZEL

오리지널 프레첼

투박한 겉모습과는 달리 부드러운 식감과 독특한 풍미가 매력적인 프레첼. 가성소다를 사용해야 가장 클래식한 오리지널 맛으로 표현되지만, 가성소다 사용이 부담스럽다면 앞 페이지에서 소개한 일반 소다(식품용 베이킹소다)를 사용해 만들어도 좋다.

120g

10개

165℃

16~17분

PROCESS

→	믹싱	최종 반죽 온도 25℃
→	분할	120g
→	벤치타임	냉동 20분 또는 냉장 50분
→	성형	하트 모양
→	벤치타임	냉동 20~30분 또는 냉장 50분
→	굽기	165℃, 16~17분

INGREDIENTS

프레첼 반죽(264p) 　　1200g

프레첼 성형 영상으로 배우기

HOW TO MAKE

오리지널 프레첼

1. 휴지를 마친 '프레첼 반죽'에 덧가루(강력분)를 조금씩 묻혀가며 60~65cm 길이로 늘린다.

TIP 여기에서는 120g으로 분할한 반죽 10개를 사용했다.

2. 사진과 같은 모양으로 반죽을 놓는다.

3. 반죽의 끝을 아래로 모아 두 번 꼬아준다.

4. 10시, 2시 방향으로 강하게 눌러 붙인다.

TIP 제대로 붙이지 않으면 라우겐 용액에 담글 때 풀어질 수 있다.

5. 반죽을 테프론시트 위에 올리고 마르지 않게 비닐을 덮어 냉동실에서 20~30분간(또는 냉장고에서 약 50분간) 충분하게 휴지시킨다.

TIP 성형이 끝난 반죽은 굉장히 부드러운 상태라 다루기 어려우므로 냉동실에서 굳혀주는 시간을 준다. 또한 성형하면서 활성된 글루텐이 쉬는 시간을 주어 완성품의 식감 또한 더 부드럽고 쫄깃해진다.

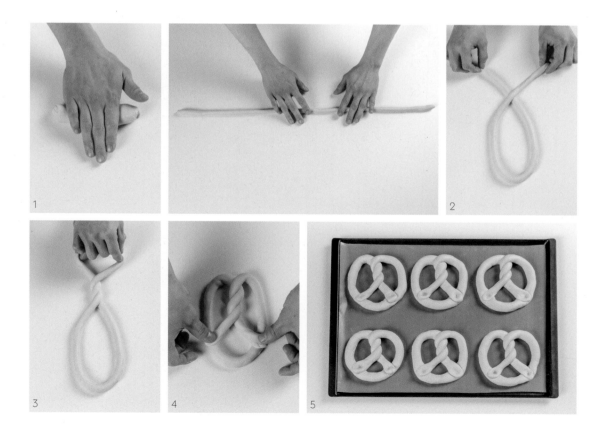

라우겐 용액(265p) 적당량

토핑

펄솔트 적당량

6. 휴지를 마친 반죽을 차갑게 준비한 라우겐 용액에 1분간 담가둔다.

TIP 단 10초, 20초 정도의 차이에도 프레첼의 맛과 색의 차이가 크게 난다.
따라서 타이머를 맞춰 놓고 정확한 시간에 담갔다 빼주는 것이 좋다.
라우겐 용액은 피부에 닿으면 치명적일 수 있으므로 반드시 라텍스 장갑을 끼고
작업한다.

7. 라우겐 용액을 털어내고 테프론시트 위에 일정한 간격을 두고 팬닝한다.

TIP 독일에서는 보통 4~5% 농도의 용액을 사용하며, 6% 이상을 넘기지 않는 것을
추천한다.
테프론시트 없이 코팅팬에 바로 팬닝하면 라우겐 용액이 철판의 코팅제를 녹여
팬이 망가지며 벗겨진 코팅이 빵에 묻어나니 주의한다.

8. 펄솔트를 뿌린다.

9. 180℃로 예열된 오븐에 넣고 165℃로 낮춰 약 16~17분간 진한 갈색이
되도록 구운 후 식힘망 위에서 식힌다.

TIP 프레첼에 사용되는 가성소다는 위험하지만 오븐에서 구워지면서 열과 산소를
만나 일반 소다로 바뀌게 된다. 다만 연하게 굽는 경우 가성소다가 남아 있을
확률이 높으므로 충분하게 구워주는 것이 안전하다.

35

CINNAMON SUGAR PRETZEL

시나몬 프레첼

시나몬 향이 은은하게 풍기는 달콤한 추로스를 좋아한다면 꼭
만들어보는 것을 추천하는 메뉴다. 시나몬가루를 코코아가루로
대체하면 아이들이 좋아하는 초코 프레첼로 응용할 수 있다.

| 120g | 10개 | 165℃ | 16~17분 |

PROCESS

→	믹싱	최종 반죽 온도 25℃
→	분할	120g
→	벤치타임	냉동 20분 또는 냉장 50분
→	성형	하트 모양
→	벤치타임	냉동 20~30분 또는 냉장 50분
→	굽기	165℃, 16~17분

HOW TO MAKE

구워져 나온 오리지널 프레첼(271p)을 충분히 식힌 후 포마드
상태의 버터를 바르고 시나몬 설탕을 듬뿍 묻혀 완성한다.

◆ 시나몬 설탕은 설탕과 시나몬가루를 100:1 비율로 섞어 사용한다.

273

36.

SAUSAGE
PRETZEL

소시지 프레첼

독일에서 만들어진 프레첼은 소시지와도 어울리지 않을 수 없다. 묵직한 프레첼과 육즙 가득 쫄깃한 소시지, 여기에 홀그레인 허니 머스터드를 곁들이면 맥주 안주로도 그만이다.

80g

6개

165℃

16~17분

PROCESS

→	믹싱	최종 반죽 온도 25℃
→	분할	80g
→	벤치타임	냉동 20분 또는 냉장 50분
→	성형	바게트 모양
→	벤치타임	냉동 20~30분 또는 냉장 50분
→	굽기	165℃, 16~17분

INGREDIENTS

프레첼 반죽(264p)　　480g

충전물
소시지(보스턴)　　6개

HOW TO MAKE

소시지 프레첼

1. 휴지를 마친 '프레첼 반죽'을 손으로 가볍게 눌러 평평하게 만든다.

   TIP 여기에서는 80g으로 분할한 반죽 6개를 사용했다.

2. 밀대로 타원형으로 밀어 편다.

3. 반죽을 뒤집고 가로 방향으로 놓는다.

4. 소시지를 올린다.

5. 반죽을 덮어 잘 붙여준다.

6. 반죽을 테프론시트 위에 올리고 마르지 않게 비닐을 덮어 냉동실에서 20~30분간(또는 냉장고에서 약 50분간) 충분하게 휴지시킨다.

   TIP 성형이 끝난 반죽은 굉장히 부드러운 상태라 다루기 어려우므로 냉동실에서 굳혀주는 시간을 준다. 또한 성형하면서 활성된 글루텐이 쉬는 시간을 주어 완성품의 식감 또한 더 부드럽고 쫄깃해진다.

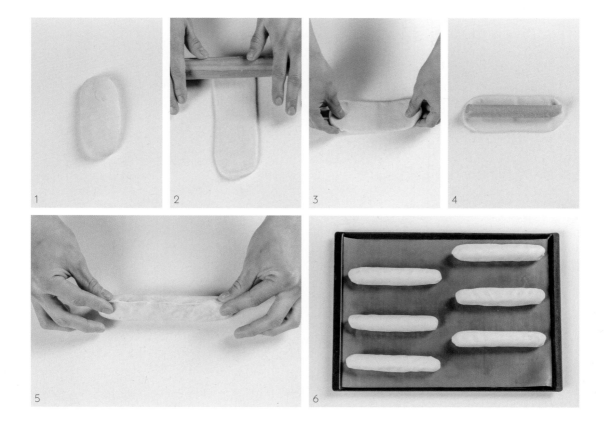

라우겐 용액(265p)   적당량

7. 휴지를 마친 반죽을 차갑게 준비한 라우겐 용액에 1분간 담가둔 후 털어내 테프론시트 위에 일정한 간격을 두고 팬닝한다.

TIP 독일에서는 보통 4~5% 농도의 용액을 사용하며, 6% 이상을 넘기지 않는 것을 추천한다.

8. 쿠프 나이프 또는 과도를 이용해 칼집을 낸다.

9. 180℃로 예열된 오븐에 넣고 165℃로 낮춰 약 16~17분간 진한 갈색이 되도록 구운 후 식힘망 위에서 식힌다. 오븐에서 굽다 보면 반죽 표면에 남은 수분으로 인해 칼집을 낸 곳의 반죽이 붙어버릴 수 있는데, 이 경우 오븐에서 잠시 꺼내 다시 한번 확실하게 칼집을 내준 후 재빨리 오븐에 넣고 다시 굽는다.

TIP 테프론시트 없이 코팅팬에 바로 팬닝하면 라우겐 용액이 철판의 코팅제를 녹여 팬이 망가지며 벗겨진 코팅이 빵에 묻으니 주의한다.
프레첼에 사용되는 가성소다는 위험하지만 오븐에서 구워지면서 열과 산소를 만나 일반 소다로 바뀌게 된다. 다만 연하게 굽는 경우 가성소다가 남아 있을 확률이 높으므로 충분하게 구워주는 것이 안전하다.

홀그레인 허니 머스터드 소스 만들기

완성된 소시지 프레첼은 케첩이나 홀그레인 허니 머스터드 소스와 함께 곁들여도 좋다. 홀그레인 허니 머스터드 소스는 홀그레인 머스터드 40g, 꿀 40g, 마요네즈 100g을 섞어 만든다.

37

SALTED MILK CREAM PRETZEL

소금 우유 크림 프레첼

묵직한 식감의 프레첼과 잘 어우러질 수 있도록 생크림에 마스카르포네를 더해 샌딩한 메뉴다. 달콤한 크림에 소금을 첨가해 고급스러우면서도 깔끔한 맛의 디저트로 완성해보았다. 단짠의 정석이라고 부를 수 있을 만큼 도넛 등 다양한 메뉴의 충전물로도 활용이 가능하다.

| 120g | 9개 | 165℃ | 18분 |

PROCESS

→	믹싱	최종 반죽 온도 25℃
→	분할	120g
→	벤치타임	냉동 20분 또는 냉장 50분
→	성형	소금빵 모양
→	벤치타임	냉동 20~30분 또는 냉장 50분
→	굽기	165℃, 18분

INGREDIENTS

생크림	500g
마스카르포네	150g
연유	40g
설탕	40g
탈지분유	20g
소금	3g

....

753g

프레첼 반죽(264p)	1080g

HOW TO MAKE

소금 우유 크림

1. 믹싱볼에 모든 재료를 넣고 단단한 상태(100%)로 휘핑한다.

소금 우유 프레첼

2. 휴지를 마친 '프레첼 반죽'을 준비한다.

TIP 여기에서는 120g으로 분할한 반죽 9개를 사용했다.

3. 반죽을 올챙이 모양으로 가성형한다.

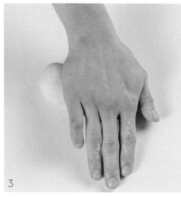

4. 밀대로 아래쪽부터 밀고, 위로 밀어 편다.

5. 반죽을 뒤집는다.

6. 위에서부터 아래로 탄력 있게 말아준다.

7. 반죽의 이음매를 잘 붙여준다.

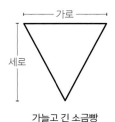

가로

세로

가늘고 긴 소금빵   짧고 통통한 소금빵

가늘고 긴 소금빵 VS 짧고 통통한 소금빵

소금빵 모양의 성형은 삼각형 모양을 어떻게 밀어 펴는지에 따라 완성품의 모양에 큰 영향을 끼친다. 반죽을 넓고 짧게 밀어 펴 삼각형을 크게 만들수록 길고 얇은 소금빵 모양으로 만들어지고, 삼각형을 좁고 길게 만들수록 통통한 소금빵 모양으로 만들어진다. 즉, 삼각형 윗면인 가로가 넓고 세로가 짧을수록 가늘고 길어지며, 가로가 좁고 세로가 길수록 통통하고 동그란 모양이 된다. 여기에서는 소개하는 소금 우유 프레첼은 넓고 짧게 밀어 펴 가늘고 길게 완성되도록 성형했다.

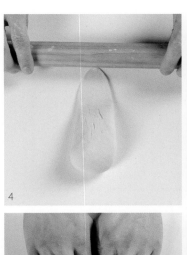 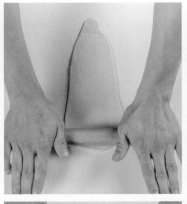 

  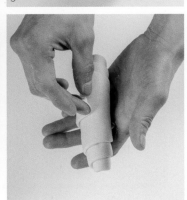

4

5

6

7

토핑

펄솔트　　　　　적당량

라우겐 용액(265p)　적당량

8. 반죽을 테프론시트 위에 올리고 마르지 않게 비닐을 덮어 냉동실에서 20~30분간(또는 냉장고에서 약 50분간) 충분하게 휴지시킨다.

TIP 성형이 끝난 반죽은 굉장히 부드러운 상태라 다루기 어려우므로 냉동실에서 굳혀주는 시간을 준다. 또한 성형하면서 활성된 글루텐이 쉬는 시간을 주어 완성품의 식감 또한 더 부드럽고 쫄깃해진다.

9. 휴지를 마친 반죽을 차갑게 준비한 라우겐 용액에 1분간 담가둔 후 털어내 테프론시트 위에 일정한 간격을 두고 팬닝한다.

TIP 단 10초, 20초 정도의 차이에도 프레첼의 맛과 색의 차이가 크게 난다. 따라서 타이머를 맞춰 놓고 정확한 시간에 담갔다 빼주는 것이 좋다. 라우겐 용액은 피부에 닿으면 치명적일 수 있으므로 반드시 라텍스 장갑을 끼고 작업한다.

10. 펄솔트를 뿌린다.

11. 180℃로 예열된 오븐에 넣고 165℃로 낮춰 약 18분간 진한 갈색이 되도록 구운 후 식힘망 위에서 식힌다.

TIP 테프론시트 없이 코팅팬에 바로 팬닝하면 라우겐 용액이 철판의 코팅제를 녹여 팬이 망가지며 벗겨진 코팅이 빵에 묻어나니 주의한다. 프레첼에 사용되는 가성소다는 위험하지만 오븐에서 구워지면서 열과 산소를 만나 일반 소다로 바뀌게 된다. 다만 연하게 굽는 경우 가성소다가 남아 있을 확률이 높으므로 충분하게 구워주는 것이 안전하다.

12. 프레첼을 충분히 식힌 후 잘라 벌려준다.

13. 소금 우유 크림을 80g씩 파이핑한다.

14. 프레첼을 닫아준다.

15. 스패출러로 크림의 표면을 매끄럽게 정리한다.

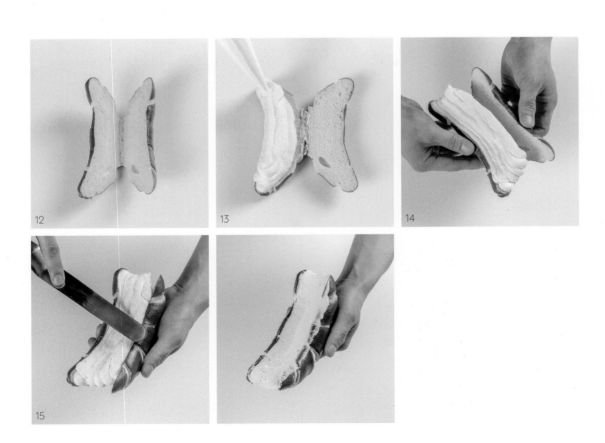

38.

LEEK & CREAM CHEESE PRETZEL

대파 크림치즈 프레첼

크림치즈와 대파는 잘 어울리는 재료 조합 중 하나다. 대파는 살짝 구워 매운 맛을 날려 단맛과 향을 살려 사용했다. 반죽을 꼬아 베이글 모양으로 만들어 대파 크림치즈를 듬뿍 채우고 크림 겉면에 부추로 장식해 맛과 모양을 모두 잡았다.

| 120g | 9개 | 165℃ | 16~17분 |

PROCESS

→	믹싱	최종 반죽 온도 25℃
→	분할	120g
→	벤치타임	냉동 20분 또는 냉장 50분
→	성형	변형 베이글
→	벤치타임	냉동 20~30분 또는 냉장 50분
→	굽기	165℃, 16~17분

INGREDIENTS

대파	200g
크림치즈	600g
분당	100g
파르메산치즈가루	45g
홀그레인 머스터드	20g

....

965g

HOW TO MAKE

대파 크림치즈

1. 대파는 깨끗이 씻어 물기를 제거한 후 0.5cm 길이로 썰어 180℃로 예열된 오븐에서 약 2분간 굽고 충분하게 식힌다.

TIP 대파는 생으로 사용하면 시간이 지남에 따라 비린내가 날 수 있고, 상하기도 쉽다. 살짝 구워 사용하면 파의 단맛이 올라와 맛도 좋고 향도 더 진해진다. 대파의 양에 따라 굽는 시간은 달라지므로, 대파의 숨이 죽고 반투명한 상태가 될 때까지 굽는다.

2. 믹싱볼에 포마드 상태의 크림치즈를 넣고 부드럽게 푼다.

3. 체 친 분당, 파르메산치즈가루, 홀그레인 머스터드, 준비한 대파를 넣고 가볍게 섞는다.

TIP 대파를 너무 오래 섞으면 으깨질 수 있으니 주의한다.

대파 크림치즈 프레첼

프레첼 반죽(264p)   1080g

4. 휴지를 마친 반죽을 준비한다.

5. 반죽을 26~28cm로 길게 밀어 편다.

TIP 여기에서는 120g으로 분할한 반죽 9개를 사용했다.
반죽을 누르고 꼬아주면서 계속 늘어나므로 초반부터 너무 길게 밀지 않는다.

6. 반죽을 손바닥으로 눌러가며 납작하게 만든다.

7. 반죽 양옆을 꼬아가며 타이트하게 만든다.

8. 반죽의 한 쪽 끝부분을 벌려준다.

변형 베이글 성형 영상으로 배우기

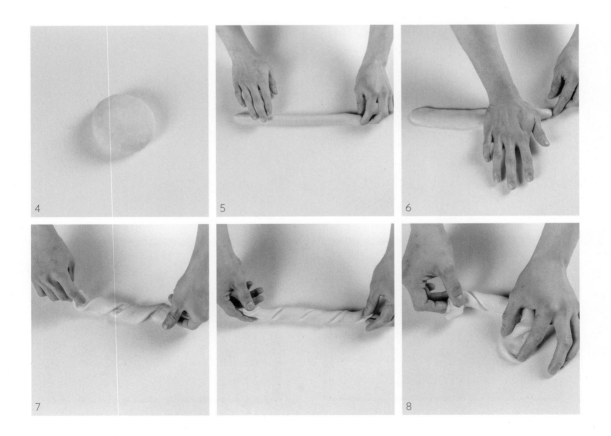

라우겐 용액(265p)　　적당량

9. 벌린 틈 사이로 다른 쪽 반죽을 넣어준다.

10. 벌린 반죽을 당겨 안쪽에 있는 반죽을 감싸면서 잘 붙여준다.

11. 반죽을 테프론시트 위에 올리고 마르지 않게 비닐을 덮어 냉동실에서
20~30분간(또는 냉장고에서 약 50분간) 충분하게 휴지시킨다.

TIP 성형이 끝난 반죽은 굉장히 부드러운 상태라 다루기 어려우므로 냉동실에서
굳혀주는 시간을 준다. 또한 성형하면서 활성된 글루텐이 쉬는 시간을 주어
완성품의 식감 또한 더 부드럽고 쫄깃해진다.

12. 휴지를 마친 반죽을 차갑게 준비한 라우겐 용액에 1분간 담가둔 후
털어내 테프론시트 위에 일정한 간격을 두고 팬닝한다.

TIP 단 10초, 20초 정도의 차이에도 프레첼의 맛과 색의 차이가 크게 난다.
따라서 타이머를 맞춰 놓고 정확한 시간에 담갔다 빼주는 것이 좋다.
라우겐 용액은 피부에 닿으면 치명적일 수 있으므로 반드시 라텍스 장갑을 끼고
작업한다.

토핑

펄솔트	적당량

기타

부추	적당량

13. 펄솔트를 뿌린다.

14. 180℃로 예열된 오븐에 넣고 165℃로 낮춰 약 16~17분간 진한 갈색이
되도록 구운 후 식힘망 위에서 식힌다.

TIP 테프론시트 없이 코팅팬에 바로 팬닝하면 라우겐 용액이 철판의 코팅제를 녹여
팬이 망가지며 벗겨진 코팅이 빵에 묻어나니 주의한다.
프레첼에 사용되는 가성소다는 위험하지만 오븐에서 구워지면서 열과 산소를
만나 일반 소다로 바뀌게 된다. 다만 연하게 굽는 경우 가성소다가 남아 있을
확률이 높으므로 충분하게 구워주는 것이 안전하다.

15. 식힌 프레첼을 반으로 자른다.

16. 대파 크림치즈를 100g씩 파이핑한 후 프레첼을 덮는다.

TIP 가장자리에 많이 파이핑해야 부추를 붙이기 쉽다.

17. 프레첼 옆면의 크림치즈에 부추를 붙인다.

TIP 부추는 깨끗이 씻어 물기를 제거한 후 1.5cm 길이로 썰어 사용한다.

39

KAYA JAM
& BUTTER
PRETZEL

카야잼 버터 프레첼

싱가포르에서 즐겨 먹는 카야잼 샌드위치를 프레첼 버전으로 응용해보았다. 프레첼 겉면에 코코넛 토핑을 얹어 바삭한 식감과 달콤한 맛을 더했다. 라우겐 용액에 담그는 작업이 없어 가성소다 작업이 부담스러운 홈베이커도 쉽게 도전할 수 있는 메뉴다.

120g

6개

165℃

18분

PROCESS

→	믹싱	최종 반죽 온도 25℃
→	분할	120g
→	벤치타임	냉동 20분 또는 냉장 50분
→	성형	바게트 모양
→	벤치타임	냉동 20~30분 또는 냉장 50분
→	굽기	165℃, 18분

INGREDIENTS

흰자	48g
설탕	42g
박력분	15g
녹인 버터	18g
롱코코넛	60g
....	
	183g

HOW TO MAKE

코코넛 크리스피

1. 흰자에 미리 섞어둔 설탕과 박력분을 넣고 섞는다.

2. 녹인 버터를 넣고 섞는다.

3. 롱코코넛을 넣고 섞는다.

4. 완성된 코코넛 크리스피는 밀폐해 냉장고에서 최소 30분간 숙성한 후 사용한다.

TIP 코코넛 크리스피는 바로 사용하는 것보다 전날 미리 만들어두고 롱코코넛이 수분을 빨아들여 쫀득한 질감이 되었을 때 사용해야 맛도 좋고 작업성도 좋다.

프레첼 반죽(264p)	720g

카야버터 프레첼

5. 휴지를 마친 '프레첼 반죽'을 준비한다.

TIP 여기에서는 120g으로 분할한 반죽 6개를 사용했다.

6. 밀대로 타원형으로 밀어 편 후 매끄러운 면이 바닥에 오도록 뒤집는다.

7. 3절로 접는다.

8. 위쪽 반죽을 2/3 정도 접고 손목을 이용해 접은 부분을 눌러가며 잘 붙여준다.

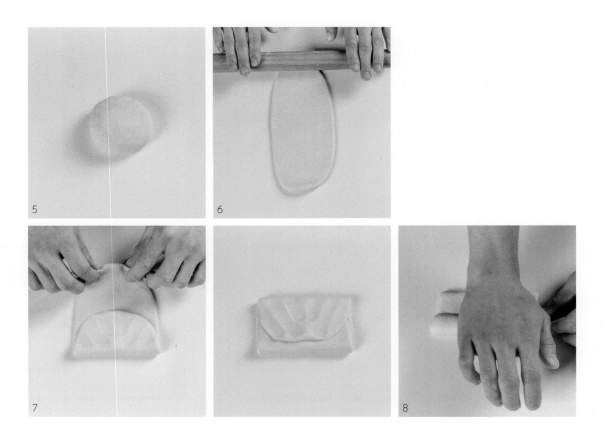

9. 반죽을 위에서 아래로 한 번 더 접어 손목을 이용해 눌러가며 잘 붙여준다.

10. 반죽의 이음매를 잘 붙여준다.

11. 반죽의 이음매가 아래로 향하게 테프론시트 위에 팬닝한 후 마르지
    않게 비닐을 덮어 냉동실에서 20~30분간(또는 냉장고에서 약 50분간)
    충분하게 휴지시킨다.

TIP 성형이 끝난 반죽은 굉장히 부드러운 상태라 다루기 어려우므로 냉동실에서
    굳혀주는 시간을 준다. 또한 성형하면서 활성된 글루텐이 쉬는 시간을 주어
    완성품의 식감 또한 더 부드럽고 쫄깃해진다.

12. 반죽 표면에 손에 물을 묻혀가며 코코넛 크리스피를 올린다.

13. 180℃로 예열된 오븐에 넣고 165℃로 낮춰 약 18분간 노릇하게 구운 후
    식힘망 위에서 식힌다.

기타

카야잼	270g
고메버터(엘르앤비르)	270g
데코스노우	적당량

14. 충분히 식힌 프레첼을 끝부분만 살짝 남기고 잘라 벌려준다.

15. 카야잼을 45g씩 파이핑한다.

16. 슬라이스한 고메버터를 45g씩 넣는다.

17. 데코스노우를 뿌린다.

14

15

16

17

다쿠아즈
장은영 지음 | 168p | 16,000원

파운드케이크
장은영 지음 | 196p | 19,000원

보틀 디저트
장은영 지음 | 200p | 28,000원

마시멜로
김소우 지음 | 176p | 18,000원

CHOCOLATE
이민지 지음 | 216p | 24,000원

콩맘의 케이크 다이어리
정하연 지음 | 328p | 28,000원

콩맘의 케이크 다이어리 2
정하연 지음 | 304p | 36,000원

브런치 타임
심가영 지음 | 192p | 19,000원

마망갸또 캐러멜 디저트
피윤정 지음 | 304p | 37,000원

어니스트 브레드
윤연중 지음 | 360p | 32,000원

에클레어 바이 가루하루
윤은영 지음 | 280p | 38,000원

타르트 바이 가루하루
윤은영 지음 | 320p | 42,000원

데커레이션 바이 가루하루
윤은영 지음 | 320p | 44,000원

트래블 케이크 바이 가루하루
윤은영 지음 | 368p | 48,000원

낭만브레드 식빵
이미영 지음 | 224p | 22,000원

프랑스 향토 과자
김다은 지음 | 360p | 29,000원

레꼴케이쿠 쿠키 북/ 플랑 & 파이 북/ 컵케이크 & 머핀 북
김다은 지음 | 216p, 264p, 248p | 24,000원, 26,000원, 25,000원

강정이 넘치는 집 한식 디저트
황용택 지음 | 232p | 24,000원

슈라즈 롤케이크 & 쇼트케이크
박지현 지음 | 328p | 28,000원

파티스리: 더 베이직
김동석 지음 | 352p | 42,000원

플레이팅 디저트
이은지 지음 | 192p | 32,000원

조이스키친 쇼트케이크
조은이 지음 | 368p | 38,000원

페이스트리 테이블
박성채 지음 | 256p | 32,000원

효창동 우스블랑
김영수 지음 | 176p | 26,000원

식탁 위의 작은 순간들
박준우 지음 | 320p | 38,000원

집에서 운영하는 작은 빵집
김진호 지음 | 296p | 33,000원

**젤라또, 소르베또,
그라니따, 콜드 디저트**
유시연 지음 | 264p | 38,000원

포카치아
홍상기 지음 | 304p | 42,000원

오늘의 소금빵
부인환 지음 | 136p | 22,000원